湛庐 CHEERS

与最聪明的人共同进化

HERE COMES EVERYBODY

最后一个人类

To Be a Machine

[爱尔兰] 马克·奥康奈尔 著
Mark O'Connell
郭雪 译

浙江人民出版社
ZHEJIANG PEOPLE'S PUBLISHING HOUSE

For Amy and Mike, for everything

致艾米和迈克，

为你们所做的一切。

这就是技术的全部要旨。一方面，它创造了追求不朽的欲望，另一方面，它又昭示着宇宙灭绝的凶兆。技术是从自然中逐出的不良欲望。

——《白噪音》（*White Noise*），唐·德里罗（Don DeLillo）

智能崛起，谁将是最后一个人类

所有故事都因某个人的逝去而开场：我们之所以去虚构这些故事，是因为人终有一死。从人类讲故事伊始，就从未停止表达这样一种欲望：逃离肉体凡胎，变身一些与人这种动物截然不同的存在形式。在那些古老的文字中，我们读到了这样的故事：在因朋友离世而痛苦不堪的时候，古苏美尔之王吉尔伽美什（Gilgamesh）也在恐惧同样的噩运会降临自己身上，于是他远行至世界尽头，找寻一切可以遏制死亡的方法。但是，他最终还是未能逃过死神的魔爪。之后，我们又在希腊神话中看到，阿喀琉斯的母亲把儿子浸入斯提克斯（Styx）的流水中，希望能使他刀枪不入。可这个故事的结局仍然事与愿违，这位可怜的母亲同样没能得偿所愿。

你可以再去看看代达罗斯（Daedalus）和他打造的翅膀的故事，也可以去读读普罗米修斯和他盗取的圣火的悲剧。

人类就这样生活在一种假想出来的辉煌的残迹之中。可是，人本不该如此落魄！我们不该这样脆弱和心存羞耻，也不该命定遭受苦难和死亡。对自己，我们总是有着更高的期许。伊甸园的故事，它的整个场景设置——从伊甸园、蛇，到禁果，再到被放逐，这一切似乎都是致命性的错误，是“系统的崩溃”。亚当的堕落和因果报应让我们沦为如今的“我们”。至少，这是诸多人类故事中的一个版本。从某些角度来看，我们似乎只是想解释给自己听，为什么人类会遭受此等不公正的待遇，会存有如此“不自然”的自然本质。

爱默生曾写下这样一句话：“人是废墟中的神。”

假如要追根溯源，那么一切的宗教多多少少都是从这神圣的遗骸中生发而出的。而科学——这位与宗教有些疏远的“兄弟”，也同样想要去解决这些令人不满的、动物性缺陷。在苏联发射第一颗人造卫星的那年，汉娜·阿伦特（Hannah Arendt）正在写《人的境况》（*The Human Condition*）一书。这本书反映了人们逃离地球的欢愉之情，正应了当时报纸的描述——“人类终于冲出了监禁着他们的地球”。汉娜写道，这种对逃离的渴望几乎随处可见，人们希望通过在实验室中操作种质①来创造出更强大的人类，从而大幅地延长自己的寿命。“科学家们说，用不了100年，我们就能够制造出未来人类，”她写道，“这就像是人类对自身当前存在形式的一场革命。身体发肤是我们不曾费吹灰之力便得来的大礼，但人类却并不满足，仍然想要把它“换”成那些由自己亲手打造的东西。”

“这就像是人类对自身当前存在形式的一场革命”，这句话可以很好地概述《最后一个人类》这本书的内容，并解释了究竟是什么东西在激励着那些我在撰写本书过程中结识的人。这群人大多数都参与了超人类主义运动，他们坚信，人类应该而且能够通过技术来掌控未来的演化过程。他们深信，我们有能力也应该根除衰老，从而避免死亡；我们有能力也应该用技术来提高身体素质

① 种质是生物体亲代传递给子代的遗传物质，它往往存在于特定品种之中。——编者注

和心智水平；我们有能力也应该通过与机器的交融来重塑自我，营造出更理想的形象。他们希望用人类自出生之日起便获得的馈赠，去交换一些更好的、人造的东西。这场革命的结果将会如何？让我们拭目以待。

我本人并不是超人类主义者。即便这一理念还处在发展的早期阶段，但我仍然能够清楚地知道内心的想法。不过，我对这场运动本身以及它的理念和目标确实十分着迷，这是因为我十分认同这场运动的前提：人类与生俱来的这副身板，最多只算得上是一个次优系统。

其实，我心里也一直模模糊糊地认同这样的想法。而且，在我的儿子出生之后，这种感觉一下子就升级成了一种本能。三年前，当我第一次抱起他时，就被那脆弱的小身板打动了——这个小家伙就那样号哭着、颤抖着，满身都是深红色的血液，从一个同样剧烈颤抖着的身体中慢慢探出头来。为了把他带到人间，他的母亲在几个小时里，忍受着没有生育过的人难以想象的剧痛与劳累。你生育儿女，必多受苦楚。事到如今，我忍不住会想，人类真该有一套更好的身体系统，真该摆脱这一切苦难。

对于一位新晋父亲来说，有件事绝不该去尝试，那就是，当你紧张地坐在产科病房休息椅上，而身旁的病床上又躺着熟睡的小宝宝和他的妈妈时，你却在看报纸。然而，当时毫无经验的我就这样做了，并且为此后悔不已。那时，我坐在都柏林国家妇幼医院一间产科病房的椅子上，随手翻看起了《爱尔兰时报》（*The Irish Times*）。随着眼睛扫过记者对人类各种变态行为的报道，我心中的恐惧感愈发强烈。屠杀、强奸、“独狼式”或有组织的恐怖事件……一个分崩离析的堕落的世界跃然纸上。我不禁想知道，将一个无辜的孩子带到这样一片混乱之中，是否真的是明智之举。我依稀记得，那时自己正患有轻度感冒，还伴有阵阵头痛，但这并不能让我的忧虑有一丝消减。

初为人父人母的诸多影响之一是，这全新的身份会让你开始思考一个问题，那就是人之本质的问题。细数人类史上所有恐怖、惨烈的遭遇，没有人能够逃脱衰老、患病和死亡的命运。至少对我来说，我难以摆脱这一切，我的妻子也是如此。在过去的几个月里，她的身体与我们的儿子血脉相连。那时她曾咬着牙挤出了一句话，令我此生都无法忘怀："如果当初我知道自己会有多么爱他，那么我可能不确定自己是否还想生下他。"令我们心忧神扰的就是生命的脆弱。这个让人忧心忡忡的"疗养期"，便是人类目前的生存"境况"。这人之境况，就是疾病，或是其他的医疗问题。

你本是尘土，仍要归于尘土。

驱逐衰老和死亡的"暴政"

正是在那段时间，我开始对10年前偶然听说过的一个理念突然变得着迷起来。现在回想起来，这似乎并不仅仅是巧合。这种理念逐渐占据了我的思绪，那就是，人之境况，可能并不是一种不可避免的命运。也许就像对抗近视、天花这些疾病一样，人类也能够凭借自己的智慧，争取到更好的未来。我对此很是痴迷，这就像我一直以来都执着于人类"堕落"和"原罪"的理念一样，因为它表达出了生而为人的那种真实而又强烈的怪诞感，我们无法接受自己，愿意去相信自己可能因为本性而遭到因果报应。

在这种痴迷的初期阶段，我偶然读到了一篇充斥着挑衅意味的文章：《致自然母亲的一封信》（*A Letter to Mother Nature*）。这是一篇书信体的宣言，为了直抒胸臆，文章也沿用了自然世界中的"创造"经常会被赋予的那种拟人的形象——母亲。文章开头的字里行间流露出了一种带有悲观色彩的攻击性。开端是在感谢自然母亲，感恩她对人类所做的大多数坚实的努力：是她让我们从只能自我复制的简单化学物质，演化为由万亿细胞组成、具备自我理解力的复杂的哺乳类动物。而后，这封信的内容又毫无违和地过渡到了一种“我要控诉”的模式。作者简要罗列了智人身体机能中的一些略显粗劣的做工：易遭受伤害，会经历疾病和死亡，只能在高度受限的环境条件中生存，记忆力有限，以及冲动控制系统极为糟糕。

这篇文章的作者，用“雄心勃勃的人类后代”的集体声音致函自然母亲，并提出了对“人类宪法”的7项修正案。比如，我们将不再屈从于衰老和死亡的“暴政”，而是用生物技术工具“给人体注入持久活力，抹去我们的截止日期”。我们将通过技术手段去改造感觉器官与神经机能，从而增强感知与认知能力。我们将不再是盲目演化的产物，而是将蜕变升级，“探求身体形式和功能的全部可能性，改善并增强我们的肉体和智力，变得比历史上的任何“人”都要强大”。我们将不再满足于碳基生命形式施加给我们的身体、脑力以及情感能力的限制。

这封写给大自然的信，是我读过的最清晰也是最带有挑衅意味的超人类主义原则声明。字里行间所流露出的那种骄傲狂妄，正是让我认为这场运动另类又充满诱惑力的关键原因——它是那样直白与大胆，将启蒙人文主义推到了边缘，甚至几乎威胁着要将之完全抹去。整个计划弥漫着一种疯狂的气息，不过正是这种疯狂，揭示了一些我们以为是理性的东西的本质。我了解到，这封信幕后的作者一直使用“迈克斯·摩尔（Max More）”这个与其信仰很般配的名字。他是一位毕业于牛津大学的哲学家，是超人类主义运动的核心人物。

这场运动实际上并没有一个统一、公认的规范版本。通过进一步深入地了解和阅读，我更理解这些门徒的信仰了，也更懂得了这种对人类生命的机械视角，那就是：每个人都是一台设备，我们有责任而且也注定要让自己成为更好的“版本”，变得更高效、更强大，也更有用。

我想知道，以这样一种工具主义的思路来审视自己和整个人类物种，究竟意味着什么。我还想了解一些更具体的事情，比如，我想知道，你会如何看待将自己变成赛博格这件事。我想知道，你是否愿意将自己的意识上传到计算机或是其他硬件中，希望能够因此成为永生的“代码”。我想知道，变成一些复杂形式的信息或是计算机代码，对你意味着什么。我想了解，机器人会让我们对自己以及对肉体产生什么样的理解。我想知道，人工智能救赎或是毁灭我们这一物种的可能性有多大。我想知道，对技术充满信心并相信永生，会是一种怎样的体验。我也想知道，成为机器究竟意味着什么，而如果你成为机器，又会拥有什么样的情感。

我可以向你保证，在探究这些问题的过程中，我的确找到了一些答案。不过我也必须承认，在查证“成为机器，究竟意味着什么”时浮现出的另一个问题，让我感到更加困惑：生而为人，究竟意味着什么？因此，对那些更以目标为导向的读者来说，我需要解释的是，《最后一个人类》这本书既是对这种困惑的探索，也是对我接触到的那些信息与见解的分析。

超人类主义运动的一个更为广义的定义是：它是一场解放运动，倡导人类从生物体形式中完全解放出来。不过，我也见识过另一种几乎等价却又截然不同的解释：在现实中，这种解放最终带来的结果将是人类遭到技术的全面奴役。本书将对这两种定义分别做出分析。

超人类主义拥有许多极端目标，比如，将技术与受体融合，或是将意识上传至机器。在我看来，上面提到的两种不同的定义都针对这些目标表达出了某一个时刻的一些根本性的东西。在那个时刻，我们找到了自我，被号召去思考如何通过技术让一切变得更美好，去感谢一些特定的程序、平台或是设备对这个世界做出的改善。如果我们对未来心存希望，或者至少认为自己还有未来，那么在很大程度上，它将会通过机器来实现。从这个角度来看，超人类主义加剧了一个本就存在于我们主流文化中的固有趋势，这种主流文化就是资本主义。

然而，在历史的长河中，这样一个时刻的到来会伴随着一个不可避免的事实：我们以及那些机器的头顶上空会聚拢阴云，我们的世界（至少我们以为是自己的）会遭遇可怕的毁灭。我们会被告知，自己生存的这个星球已经进入了第六次物种大灭绝：又一次堕落，又一次被驱逐的戏码即将上演。在这个分崩离析的世界里，去讨论未来已经为时过晚。

超人类主义运动吸引我的原因之一是，它那不合时宜的出现所带来的矛盾力量。虽然这场运动被包装成了致力于实现未来世界愿景的力量，但它却让我怀旧般地回味起了人类的过往。那时，激进乐观主义似乎还是一个可取的看待未来的立场。在展望未来的过程中，超人类主义运动的一言一行，又不知何故地像是对过去的回顾。

对超人类主义运动的了解越是深入，我就越发现，虽然表面上它极端又荒诞，但它的确给硅谷文化施加了某种压力，并因此给整个科技领域更广泛的文化愿景带来了影响。从科技大佬们对通过技术来延长人类寿命的狂热中，我们便能窥探到超人类主义运动影响之广。PayPal 联合创始人、Facebook 早期投资人彼得·泰尔（Peter Thiel）出资赞助了很多延长人类寿命的项目；谷歌宣布建立子公司卡利科(Calico)，志在解决人类的衰老问题。这一运动的影响，同样能够在埃隆·马斯克（Elon Musk）、比尔·盖茨和史蒂芬·霍金一次次越来越强烈的警告中听到回响。在他们看来，人类这一物种可能会被超级智能毁灭。更不必说，谷歌聘请了技术奇点专家雷·库兹韦尔（Ray Kurzweil）[①]担任工程主管。我还在谷歌首席执行官埃里克·施密特（Eric Schmit）的声明中，

① 雷·库兹韦尔是 21 世纪最伟大的未来学家与思想家，人工智能领域的传奇预言家。他的经典著作《人工智能的未来》（*How to Create a Mind*）讲述了人工智能将会达到的技术高度。此书已由湛庐文化策划，浙江人民出版社出版。——编者注

捕捉到了超人类主义思想的烙印。他说："总有一天，你的身体中会被放进植入物，那时候你只需要想到某件事，它就会告诉你答案。"这些科技大佬（毕竟他们还是人类）都谈到了人类与机器融合的未来。他们以各自的方式，描述着后人类时代的未来。在这个未来中，技术资本主义将会比其发明者活得更长，更早找到新的永生形式，以此兑现自己当初的承诺。

在读完迈克斯·摩尔那篇《致自然母亲的一封信》后不久，我在 YouTube 上观看了比利时导演弗兰克·戴斯（Frank Theys）执导的电影《科技启示录》（*Technocalyps*），这是一部于 2006 年上映的超人类主义运动的纪录片，是我能找到的为数不多的几部以该运动为题材的电影之一。影片很短，一位戴着眼镜、全身黑衣、长着浅色头发的年轻人，孤身站在房间中进行着一种奇怪的仪式。场景昏暗，看起来就好像是用摄像头拍摄的一样。因此我也很难判断自己看到的究竟是何处。这里看起来是间卧室，不过桌上放着的几台计算机，又让它看起来像是办公室。这些计算机有着米白色的主机、老式显示器，它们似乎在暗示着故事就发生在千禧年前后，世纪更迭的时候。在这个场景之中，那位年轻人面向我们站着，两条手臂以一种诡异的姿势高举过头顶。他开始讲话的时候，你会发现，他那斯堪的纳维亚人特有的断音给他添加了不少机械的质感。

"数据、代码、通信，"他念道，"直到永远。阿门。"

说着，他把手臂缓缓放下，然后又伸向身体两侧，而后将双手紧握在胸前。他环视了整个房间，对着东南西北四个方向，做出了一种令人费解的祝福手势，并对着每一个方向分别念出了计算机时代一位"先知"的圣名：阿兰·图灵（Alan Turing）、约翰·冯·诺伊曼（John von Neumann）、查尔斯·巴贝奇（Charles Babbage）以及爱达·勒芙蕾丝（Ada Lovelace）。然后，这个虔诚的年轻人立正站好，以十字架的姿势再次展开了手臂。

“我周身闪耀着比特，”他说，“我的身体中跳动着无数字节。数据、代码、通信。直到永远。阿门。”

这个年轻人名叫安德斯·桑德伯格（Anders Sandberg），是一位来自瑞典的学者。我被他这一系列令人好奇的仪式吸引，这种行为似乎将超人类主义视作了某种宗教信仰，但我并不清楚是否应该将这些细节当真，不知道这其中有多少是为了烘托表演的戏剧性，又有多少是对真实情况的模仿。无论如何，我发现这个场景中有一种奇特的影响力，令我难以忘怀。

在观看完这部纪录片后不久，我了解到桑德伯格将会前往伦敦大学伯贝克学院（Birkbeck College）进行有关认知增强的演讲。于是，我也决定前往伦敦。这里，似乎会是一个好故事的起点。

目录

第二部分
从超级智能到半机械人，化身情感机器

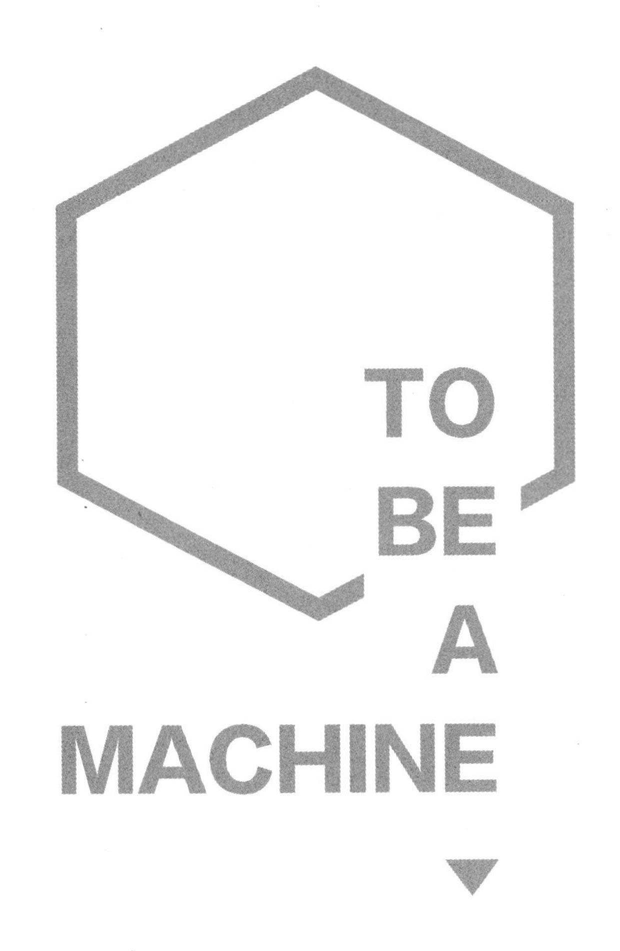

第一部分

成为机器，重新定义生命的未来

01

人机融合，生命与智能的终极进化

他们的身体会在死亡之际躺入液氮中，直到有一天，未来技术能将他们解冻、复原，或是有一天，他们头颅内部那 1.5 千克重的神经网络能够被移出，并通过扫描将贮藏在其中的信息转化为代码，上传到一些新的机械身体之上。从此，他们将不再受衰老、死亡和其他一切人类缺陷的影响。

那天，伯贝克学院的礼堂座无虚席。我勉强在后排找到了一个座位，然后静静地看着熙熙攘攘的人群。一时间，我竟突然觉得，也许未来的样子，就和过去一样吧。

“伦敦未来主义者”（London Futurists）社团是安德斯·桑德伯格博士此次讲座的组织者。这个团体类似于超人类主义者的交流沙龙，自2009年起，这个圈子就开始定期会面，讨论有关“后人类时代”的话题：大幅延长人类寿命、上传人类意识、通过药理学等技术手段增强心智，以及通过人工智能、义肢和遗传基因修复等方法增强人体。大家齐聚一堂是为了设想深刻的社会转型，以及人类自身即将面临的转变。让人很难忽视的一件事是，那天到场的人几乎是清一色的男性。要不是手机屏幕照亮了几乎每个人的脸，我可能会觉得，这种似曾相识的熟悉场景可以出现在过去两个世纪的任意一个时间点：某个主要由男性组成的团体，被安排在布鲁姆斯伯里（Bloomsbury）的某个房间的分层座位中，听某个男人讲述未来。

就在这时，一位中年绅士走上讲台，他那对红色眉毛十分抢眼。这人便是大卫·伍德（David Wood），他是伦敦未来主义者社团的主席，是一位杰出的超人类主义者和科技企业家。伍德是全球首款大众市场智能手机操作系统“塞班”的联合缔造者，他的公司宝意昂（Psion）也曾是掌上电脑市场的早期先驱。他操着一口浓重的苏格兰口音讲道：“在接下来的10年里，我们会发现，人类将会面对更多根本而深刻的变化，数量要比历史上任何一个10年都多。”然后，他谈到了利用技术来修改大脑，提升人类认知能力的问题。

伍德问道：“我们能否摆脱每个人与生俱来的一些推理方面的偏见和错误？在人类漫游非洲大草原时期，曾经给予人类帮助的那些本能现在是否还对我们有所助益呢？”

这些问题几乎涵盖了整个超人类主义人群的世界观：它将我们的头脑和身体视作一些过时的技术，划归为某种亟待全面检修、陈旧落伍的存在。

这时，伍德向听众介绍起了桑德伯格。桑德伯格是近年来颇受关注的一位未来学家，也是牛津大学人类未来研究所（Future of Humanity Institute）的成员。在科技投资家詹姆斯·马丁（James Martin）的赞助下，人类未来研究所于2005年成立。在这里，哲学家和其他学者汇聚一堂，思考着人类未来的各种场景。桑德伯格本人与我在YouTube视频中看到的那个行为怪异的虔诚的年轻人很像，只不过现在的他已然40出头，身材略微发福，多少带了些学院派的不拘小节，他穿着皱皱巴巴的衣服，浑身散发着一种放浪不羁而又令人亲和的感觉。

在这场长达两个多小时的讲座中，桑德伯格概述了“智能”的基本概念，并分别介绍了应该如何从个体层面和物种层面来提升智能。他谈到了一些已经面世或是即将出现的增强认知的方法，包括教育、智力药物、遗传选择以及脑植入技术等。随着逐渐迈向衰老，我们会渐渐地丧失获取信息以及保存信息的能力。虽然人类或许可以凭借寿命延长技术来解决这个问题，但这仍然需要我们在有生之年里，不断地改善大脑的运作方式。他谈到，次优心智的表现会拉动社会经济成本的增加。比如，单单是那些配不上对的锁和钥匙（基于配对它们需要投入的时间和精力），就会致使英国每年损失2.5亿英镑国内生产总值。

“在我们生活的社会中，人们时时刻刻都会因为一些愚蠢的错误或是健忘等原因，造成很多这样的‘小亏损’。”桑德伯格说。

这种实证主义的极端例子令我感到震惊。桑德伯格认为，从本质上来说，智能就是解决问题的工具，是生产力和产出的函数。它更接近于计算机可测量的处理能力，而不是什么不可减少的人类物质。虽然从总体上来说，我打心眼儿里反对这种对大脑的解释。然而从个人角度来说，我又忍不住去反思。单单就在这个早晨，我就因为自己不在线的脑子，浪费了足足150英镑：前往伦敦之前，我早早地预订好了房间。可是到了那里以后却发现，入住日期实际上是我抵达前的那晚，于是我不得不再掏腰包为这一夜的住宿埋单。自从升级成为父亲之后，我就变得有些注意力涣散，甚至变得健忘起来。这可能是很多新晋爸妈都会遇到的烦恼，他们总是因为孩子五花八门的突发状况而睡眠不好、思绪混乱，或是花太多时间陪自己的宝贝看YouTube上的动画片《托马斯和他的朋友们》(*Thomas and Friends*)。总之，我的信息处理能力、记忆力确实出现了明显的下降。所以，虽然对桑德伯格演讲中这种以工具主义审视人类智能的方式，我打心底里是拒绝的，却又压抑不住地心动，觉得自己还是乐于接受一些微调的改进的。

这场讲座的重点是，生物医学领域的认知增强技术将有助于获取并保留人类的心智和脑力（也就是他所谓的“人力资本”），能够让人类更好地推理与解决问题。除此之外，桑德伯格还讨论了由此引发的社会平等难题——“公平分配大脑”问题。该问题是说，相比普通老百姓，那些社会中的精英更能负担得起增强大脑的费用。不过，桑德伯格对此却有着不同的见解，他认为那些本身头脑并不太灵光的人，会比天才们从增强技术中收获更多。这意味着，人类智力水平将得到整体提升，使整个世界受益。这听起来有点儿像智能的涓滴经济学（Trickle-down Economics）。

无论是会议组织还是讲座的场景，所有这一切对我来说既熟悉又陌生。我最近才放弃了自己即将沉没的学术之船，因为自由撰稿这一叶小舟似乎不需要承担那么沉重的风险。我曾经耗费了自己并未延长的寿命中的很多个年头，努力获得了文学博士学位。可是走到头，我所遭受的境遇却无情地肯定了当初的自我怀疑：文学博士这一纸文凭可能永远不会帮谁找到像样的工作。

我在二三十岁时，花费了太多时间去聆听讲台上的人的观点。不过，那天桑德伯格讲述的内容，和我以前常听到的那些演讲很是不同。是的，我坐在演讲大厅的后排，尝试着集中精力关注眼前的事情。对于听讲座这种事情，我有着太多的经验。但是，这并不意味着我真的能和在场的其他听众融为一体，也不意味着这里是属于我的世界。

人机融合，新世纪的末世预言

讲座结束后，这群非同寻常的未来主义者去了布鲁姆斯伯里一家用橡木镶板装饰的酒吧，然后开始畅饮。当我坐在桌前品尝着杯中的苦啤时，不知怎的，这群人突然开始疯传起我正在写一本关于超人类主义的书。

“听说，你在写书。”桑德伯格走了过来，很显然他为此感到高兴。他用手指了指我面前桌上放着的一本精装书——它讲的是断头文化史，那天一早买的，我几乎随时都带着这本书。

“这就是你在写的书吗？”

“什么？这个？”我突然有些词穷，不确定自己是否错过了超人类主义者关于冷冻头颅或是时间旅行的晦涩玩笑。

“哦，这是别人写的，”我略显局促地补充道，显然这句话并没有什么意义，

“我在写一本有关超人类主义者和相关主题的书。”

“很棒哟！”桑德伯格说。

一时间，我都不知道该怎么接话了。我几乎就要告诉他，自己正计划写的书，可能并不是他或者其他超人类主义者会认为是“很棒”的书。可我突然又醒悟过来，我就是混迹在这些理性主义者和未来主义者之中的“间谍”，一个怪异甚至显得有些可怜的家伙。我用着“过时”的笔和纸质笔记本，它们就好像是这个由 0 和 1 组成的世界的信使。

我注意到桑德伯格的脖子上戴着一条挂有圆形吊坠的项链，看起来并不像那些虔诚的天主教徒佩戴的神牌。我正想一探究竟时，他的注意力却被身旁一位迷人的法国女士吸引了过去，她想要讨论意识上传的问题。

这时，我左侧坐着的那位散发着贵族气质的年轻人转过身来，询问起了我正在写的书。这男孩衣着优雅，头发也打理得一丝不苟。他告诉我，他叫阿尔贝托·里佐利（Alberto Rizzoli），是意大利人。在讨论我的书时，他提到自己的家族曾经也经营过出版生意。直到那天晚上我回到住处，翻看自己的笔记时，才后知后觉地意识到，这位里佐利想必就是里佐利传媒王国的接班人，也就是说，他正是那位著名的安吉洛·里佐利（Angelo Rizzoli）的孙辈。这位身名显赫的出版业大亨，曾经制作了费德里科·费里尼（Federico Fellini）导演的电影《甜蜜的生活》（*La Dolce Vita*）和《八又二分之一》（*8½*）。现在，年轻的里佐利正在伦敦的卡斯商学院（Cass Business School）读书，同时他还经营着一家为小学教室提供 3D 打印材料的初创企业。21 岁的他，自从十几岁开始就成了一位超人类主义者。

里佐利讲道：“我真的无法想象自己到 30 多岁时，还没有接受过任何增强改造。”

我已经 35 岁了，就像但丁的《神曲》中所写的一样，已经走过了人生一半的旅程。可无论如何，我都还没有接受过任何形式的身体强化。虽然桑德伯格在演讲中提到的“认知增强”的概念让我感到不安，但我仍然对这些技术能够为自己带来什么样的影响很感兴趣。比如，它或许会帮助我在和这些超人类主义者交谈的时候，摆脱记笔记的麻烦，让我能够使用内置在身体中的纳米芯片记录那些有趣的谈话，并在事后能回忆起所有的内容。此外，这些内嵌式设备或许还能给我提供一些额外的背景信息，比如在这个意大利小伙子说话时提醒我，他的祖父就是“费里尼”系列电影的制片人。

这时，一位身着高档衬衫和运动外套的银发男子坐在了我与里佐利对面。他一身典型的企业家装扮，衬衣上面的三四个纽扣都没有系上。他几乎是把自己贴在了桑德伯格身上，想在他和那位法国女士的谈话间隙见缝插针。同时，他还不忘伸手偷吃桑德伯格小碗里的开心果。这些开心果被一个个丢进他口中，突然，一个漏网之“鱼”滑落下来，滚到了他衬衫的领子上。我看着他将一根手指穿过了两个靠下的纽扣的间隙摸索着，然后费劲地抠出了那粒逃跑的开心果，悄悄把它丢进嘴里。那一刻，我们两人目光相遇，相视一笑后，他递给我一张名片。原来，他正经营着与职业未来主义有关的生意。我本想开个小玩笑，他那张看起来很精致的名片，似乎对于一位职业未来主义者来说有些老套落伍。不过，我还是决定管住自己的嘴，然后费劲地把卡片塞进我本就鼓鼓囊囊的钱包里。

这位银发男子介绍说，自己最初从事人工智能研究，不过现在是在各种商业会议上担任演讲嘉宾，向各家公司的高层领导者介绍科技潮流，讲述那些将会对他们所在的领域带来冲击的新技术。他说得很轻快，就好像这是一场 TED 演讲中偏离主题的逗趣内容。他的身体姿态有力又放松，表达出了一种面对那些可怕破坏力的坚定和乐观。他向我介绍了即将到来的变化和机遇，比如在不久的将来，人工智能将引发金融市场的变革，律师、会计等岗位也会变得多余，那时，他们昂贵的劳动力将会被更智能的计算机取代。他对我说，未来的律法将会被写入我们生活以及行为的机制，我们开的车会自动给自己超速的驾驶员开罚单。未来甚至并不需要司机或是汽车制造商，因为刚从3D打印机中完成的汽车，就像幽灵船一样能自动从展示室平稳地驶出。这些车能够根据消费者的需求量身定制，并自动前往他们的住所或是公司。

我告诉他，作为作家，我最放心的是，我的工作不太可能在不久之后就被机器取代。我承认，虽然自己可能并没办法赚到大把钞票，但至少没有什么低价高效的小机器能够完成我所做的工作，甚至将我赶出自己所在的行业。

这位男子慢慢地摇了摇头，嘴唇略微颤抖着，就好像在考虑是否让我留有这一点点的自我安慰。“当然，”他承认，“我的意思是，某些类型的新闻采访可能并不会被人工智能替代，特别是那些表达深刻见解的文章，因为人们可能还是想要阅读人类的思想。”

“虽然这些有深度的文章并不会立即遭到威胁，但一些戏剧、电影、散文或小说作品已经可以由计算机程序按要求完成了，”他补充道，“尽管现在计算机所写的文学作品并不出色，但人工智能在这些起初并没有很好表现的领域进步得飞快。”我想，他的意思应该是，像我这样的人在未来实际上和其他人一样，都将会被机器取代。我想问，他是否想过有朝一日计算机将会取代演讲这门职业，而未来10年，思想领袖的位置是否还掌控在我们手中。但我很快意识到，无论这个问题的答案如何，他都会提出某些自以为是的辩护。于是我索性放弃争辩，转而在这本书中加入了刚刚那段看起来有些细致得过头的描述：他从自己昂贵的衬衫里，掏出了一颗掉落的开心果。想必这样的报复手段，相比那些自动写作机器人庄重而又专业的“文风”而言，肯定会显得荒谬又小心眼儿。

这时，桑德伯格和那位迷人的法国女士还在继续着那场对意识上传研究进展的不可思议的讨论。谈话的内容已经转向了谷歌的工程主管、发明家、投资人库兹韦尔。库兹韦尔曾向世界普及了“技术奇点”的概念：这是一种新世纪的末世预言，认为人工智能的出现将给人类带来一种新的豁免，也就是人与机器的融合，并最终消除死亡。桑德伯格认为，库兹韦尔的“全脑仿真”理论和其他一些理论相比，显得太过粗糙，完全忽视了他所谓的“脑皮质下的混乱意志”。

“情绪！”那位法国女士激动地脱口而出，“他不需要情绪！这就是为什么！”

“这有可能是对的。”里佐利说。

“他想变成一台机器！”她说，“这就是他真正想成为的东西！”

“好吧，”桑德伯格的手探向了自己早已被扫荡一空的零食碗，结果一粒开心果也没摸到，“我也想变成一台机器。不过，我想成为一台有情感的机器。”

重新定义生命

当我和桑德伯格再次说上话时，他对自己想要变成机器的愿望进行了深入的说明，这是一种对硬件优化的渴望。作为超人类主义运动最重要的思想家之一，桑德伯格凭借着自己倡导的意识上传，也就是现在被称为“全脑仿真”的理论声名鹊起。

桑德伯格坚称，自己并非想马上成为机器。即便在不久的将来会梦想成真（不过他强调我们离这一天还有很长的时间），人类突然可以将自己的意识上传到机器上，这也是不可取的。他谈到了这种突发融合所存在的潜在危险，也就是库兹韦尔等科技大佬们常常会提到的“奇点”。

“我们应该拥有一个很好的愿景，”桑德伯格说，“然后循序渐进地实现它。首先，我们会开发出智能药物和可穿戴技术；然后，获得延寿技术；最后，能够将意识上传，完成外太空殖民等。”他相信，如果我们能够设法让自己免遭死亡与毁灭的命运，那么现今的人性就会变成某种更广阔、更辉煌的现象的核心，并将会蔓延到整个宇宙，“将大量的物质和能量转化为有组织的形式，转化为广义上的生命”。

桑德伯格说自己很早就有了这样的看法，甚至可以追溯到少年时期，追溯到他遍览斯德哥尔摩市政图书馆所有科幻小说藏书的时候。高中时，他曾读过很多科学教科书，不过这纯粹是为了消遣。他还在剪贴簿上记录下了他认为特别刺激过瘾的方程式。他说，那些逻辑的推演以及思维有条不紊的过程都让他感到兴奋不已。那些抽象符号本身，可能比它们所代表的实际意义更让人激动。

你可以从约翰·巴罗（John D. Barrow）和弗兰克·提普勒（Frank J. Tipler）所撰写的《人择宇宙学原理》（*The Anthropic Cosmological Principle*）一书中，找到大量类似的方程式。起初，桑德伯格看这本书纯粹是为了那些诱人的计算，正如他所说的，是为了看“那些古怪的公式，比如，描绘更高维度下氢原子的电子运动的方程式”。不过，就像一个机缘巧合下偶然拿到了一本《花花公子》杂志的小孩子，可能最终会把注意力放到著名文学作家弗拉基米尔·纳博科夫（Vladimir Nabokov）所写的故事上一样，他开始对围绕着这些公式的文字产生了兴趣。巴罗和提普勒的宇宙观本质上是一种决定论机制，这其中“必定存在智能信息处理”，而且它还会随着时间的推移呈指数级增长。这种目的论引出了提普勒之后作品中的“欧米伽点”（Omega Point）的概念。这是一种推测，认为智能生命将吞噬并控制整个宇宙，带来宇宙奇点。他认为，这意味着未来世界能够复活逝去的生命。

“这一想法给我带来了很多启示，”桑德伯格告诉我，“生命终将控制一切物质与能量，并计算出无限量的信息理论。对于一个痴迷于信息的少年来说，这简直是太美妙了。我意识到，这就是我们需要为之努力的东西。”

在认识到这一点的那个时刻，桑德伯格摇身一变成了超人类主义者。他说，假如我们的目标是最大限度地增加宇宙中的生命数量，并因此无限地扩充将要处理的信息量，那么这无疑意味着人类需要探索外太空，并生存很长很长一段时间。而想要将这些假想都变成现实，那么很明显，我们需要借助人工智能、机器人、太空殖民等技术手段，当然还有很多他小时候在家乡的图书馆里读到的那些科幻小说中所描述的内容。

“星星的价值是什么？”桑德伯格问道，不过他显然并不想停下来等我给出一个答案，“如果你只有一颗星星，那么这颗星星本身就很有趣。可是如果你有上万亿颗星星呢？那么实际上，它们之间并没什么区别，而且结构也不是很复杂。”他说：“但生命不同，特别是每一个个体的生命，都是高度偶然的。你我都有着各自的人生故事。如果我们重新运行这个宇宙，那么大家都会成为不同的人。每个人的独一无二之处正是这一生中积累下来的东西所塑造的。这就是为什么失去任何一个人都是极度糟糕的事情。”

桑德伯格将人类意识转化为软件的愿景正是超越人类限制、成为能够蔓延至宇宙之中的纯粹智能的理想核心。在很多方面，他和我曾在纪录片中看到的那个有些冷酷地进行着某种祭拜仪式的年轻人大不相同。不仅是年龄比较大，在渴望成为机器的路上，他似乎不再那么机械化，反而更具人情味了。

不过，桑德伯格勾勒的未来愿景，对我来说还是那样怪异且令人不安，它或许比我并不信仰的那些宗教观念还要更陌生、更遥远。这种不适感，可能是因为实现这些预言的技术手段，至少从理论上说是能够达到的。我身体内部的一些基本元素对成为机器的这种前景立刻有了反应，我感到有些反胃，甚至有点儿恐惧。在我看来，太空殖民把宇宙融入我们的科研项目之中，只是在把人类那毫无意义的对意义的坚持强加到无意义的虚空之上 。我很难想象，还有什么事情会比把一切都强行赋予意义更荒谬。

桑德伯格脖子上的项链非常引人注目，那枚看起来很像天主教宗教勋章的银色吊坠儿，给他增添了一些他本人已然放弃的宗教徒气息。项链吊坠上面蚀刻的是，在他死亡之时，该如何冷冻悬置来保存他的遗体的指示。我明白，这是他和很多超人类主义者的共同愿望：他们的身体会在死亡之际躺入液氮中，直到有一天，未来技术能将他们解冻、复原，或是有一天，他们头颅内部那 1.5 千克重的神经网络能够被移出，并通过扫描将贮藏在其中的信息转化为代码，上传到一些新的机械身体之上。从此，他们将不再受衰老、死亡和其他一切人类缺陷的影响。

按照那个大吊坠上文字的指示，桑德伯格的遗体将会被送到美国亚利桑那州斯科茨代尔一个名为阿尔科生命延续基金会（Alcor Life Extension Foundation）的地方。巧的是，这个大型冷冻厂的运营者正是迈克斯·摩尔，没错，就是写下《致自然母亲的一封信》的那位迈克斯·摩尔。这些超人类主义者在过世后会被送到阿尔科生命延续基金会，这样，有一天他们的死亡就可能被“撤销”。在阿尔科生命延续基金会，“永垂不朽”这一抽象概念终于有了实际意义。我本人也想去拜访一下，去看看那些悬浮着的不死之身，或至少说是冷冻尸体。

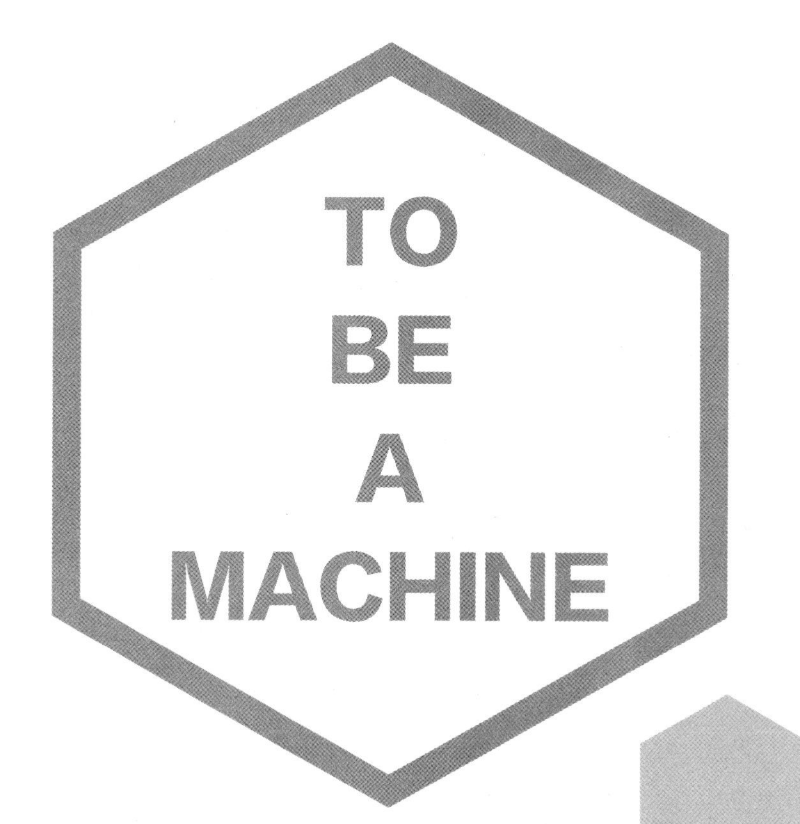

02

未来，身体会以什么样的形式呈现

或者说，他们根本不算是遗体，而是一些被保存在了生与死交界之处的人类，一些不再因时间流逝而老去的人们。

飞到凤凰城，然后驱车向北行驶半小时左右，穿过浩瀚无际的索诺兰沙漠，你会看到一个方方正正的灰色建筑。它矗立在这里，保存着那些希望复活的人类的尸体。假若你按下门铃，又碰巧有人迎你进去，那么你将会进入玄关。这里的装饰风格会让你想起 20 世纪 90 年代中期的科幻电影：那些闪闪发光的金属墙壁、铬制家具，到处都散发着微弱的蓝光。随后，你会被邀请坐在一个转角长沙发上，等待带领你走向“来生”的那位导游。

你面前的玻璃咖啡桌上摆着一本很薄的书，在等候时，你可能想去翻看一下。这是一本名叫《死亡是错的》(*Death Is Wrong*) 的儿童绘本，封面上的小男孩正生气地用食指指着死神——它身着连帽长袍，扛着镰刀，骷髅脸上挂着有些骇人的笑容。在等候时，你还会注意到这个地方几乎一片死寂，与你所熟悉的任何一个典型的商业场所大相径庭：没有嗡嗡作响的手机，没有唰唰响个不停的打印机，也没有叽叽喳喳说个不停的工作人员。可能很长一段时间里，你能听到的唯一声音就是，轻型飞机在这栋建筑附近的斯科茨代尔机场起降时发出的轰鸣声。

这里就是阿尔科生命延续基金会的总部，地理位置优越，能够高效地运输那些刚刚死去的人。

冷冻人

阿尔科生命延续基金会是全球四大冷冻保存仓库之一，其中三个在美国，一个在俄罗斯。这种分布情况并非巧合，因为在人类近年来的发展中，正是这两个国家的命运被最紧密地捆绑在了太空探索之上。也正是这两个国家截然相反的意识形态，被科学的进步强烈地驱动着。如今，数百个尚在世间的人已经决定在死后，立刻将遗体运往阿尔科生命延续基金会，以保证某些必要的程序能够及时、顺利地进行（包括将头部与身体分离）。这样一来，他们在超低温中保存的遗体，才可能在科学发展水平足够强大的某一天得以重生。

阿尔科生命延续基金会客户群的一小部分已经死亡（截至我探访时有 117 人）。不过在这里，他们被称为“患者”，而不是身体、遗体或是被切下的头颅。因为他们的生命仅仅是暂时停滞，而不是永久终止，他们就停留在生与死之间的阈限上。正是为了这些悬浮着的灵魂，我才下定决心造访这片荒漠的园区。

我来这里的另一个原因是，会一会那位大名鼎鼎的迈克斯·摩尔，这位自称超人类主义运动的发起者担任着阿尔科生命延续基金会的总裁兼首席执行官。我想了解，是什么能让一个男人将自己的一生都投入到了克服人类之脆弱性的事业之中，是什么让他坚定地挑战“熵”原则，又是什么让他整日留守在这个被尸体包围的办公园区里。这个园区夹在一个瓷砖展厅和一家名叫“Bid D”的地面装潢商的门脸中间。

不过，我最想知道的是，这地方究竟在发生着什么，为了防止客户死亡后逐渐腐烂，并减少时间上可能带来的损坏，阿尔科生命延续基金会对这些遗体进行了什么样的处理。身着紧身黑 T 恤的摩尔带我穿过一条狭长的走廊，走向处理“病人”的房间。他告诉我，这里提供两种价格不一的服务选项：支付 20 万美元，阿尔科生命延续基金会就会将你的整个身体保存下来，直到可能复活的那一天；支付 8 万美元，你就成了一个“神经患者”，也就是说你的头颅会被分离、冷冻并封存在容器中，以便在技术成熟之后进行大脑或思维扫描，并重新输入人造躯体之中。

起初，客户通常通过遗产支付费用，也有一些客户的家人会在亲人过世后定期支付费用。但阿尔科生命延续基金会很快就发现，这些支付方式并不实际。因为一些家庭无力支付这些昂贵的费用，也有人觉得这样做毫无希望，然后选择放弃。这时候，你留在这里的基本上就是一具被抛弃的皮囊，没有人会为你支付它的保存和唤醒费用。出于这些原因，阿尔科生命延续基金会最近开始建议客户通过人寿保险来支付账单，并在本人仍在世期间，每年付费保有自己的会员资格。

虽然摩尔多年来一直非常关注自己的身体状况（他经常锻炼身体），但令我感到意外的是，他要在过世后选择较为便宜的“神经保存”服务。摩尔的身材管理得很出色，看起来健美而有力。不过，他的一头红发却渐渐变得稀薄，发际线也后退了。这一切使他饱满的前额、坚毅的眉毛和暗淡而难以辨认的双目更显戏剧性。他说，自己的计划是再努力活上 40 年，到那时，无论再做多少负重练习，他的身体可能都不再值得保存了。选择神经保存服务，就相当于押注未来的科学家能够找到给大脑重新匹配身躯的方式，无论这种“身躯”会以什么样的形式呈现。

虽然阿尔科生命延续基金会在意的只是“病人”的大脑，但他们一般也不会费心去剔除头骨、肌肉和皮肤。第一，在冷冻保存期间，颅骨能够对大脑起到额外的保护作用。第二，从技术上来说，完全去除这些东西，拿掉那些颅内相连的韧带、组织，是一项不小的工程。

摩尔的叙述方式有点儿像医生临床上的风格：某个家庭医生在向自己的病人讲述手术的过程，对手术的优势和潜在副作用都进行了冷静的介绍。最终他会建议你咨询医生："你觉得我是否适合永生？"

冷冻保存背后的科学依据实际上非常薄弱，甚至根本不存在。冷冻所能带来的承诺完全是理论性的：或许有一天，科学能够发展到足够强大，终于有可能解冻这些身体和头颅，并以某种方式让它们重生，或是让它们所存储的思想和意识得到数字化复制。这一切都带着一种强烈的假设意味，相当不切实际，整个科学界甚至都不屑去驳斥这种技术。少数真的给出了评论的人，也都带有明显的轻蔑口吻。麦吉尔大学神经生物学家迈克尔·亨德里克斯（Michael Hendricks）曾在《麻省理工科技评论》上刊文坚称，这种"复苏或模拟是一种不切实际的幻想，已经超越了科技能够给出的承诺"，并直指"那些依靠虚妄的希望而获利的家伙，理应遭到人们的愤恨和唾弃"。

被保存在生与死的交界

在房间的入口处摆放着一个像敞开的棺材一样的容器，它由轻质帆布制成，里面装满了塑料制成的假冰块。容器里躺着一个光滑的白人男性假体模特，而他毫无表情的脸被一层呼吸面罩所覆盖。这个安静的模特实际上是阿尔科生命延续基金会给来这里观摩的潜在客户演示讲解用的。这些鲜活的生命会站在这里聆听工作人员的讲解，了解如果他选择成为正式会员，在他们死亡后几分钟内身体将经历的事情。

摩尔对我说，最好的情况是能够对客户的死亡时间做出大致预测。这样一来，阿尔科生命延续基金会的工作人员就能及时出现在死亡现场，并迅速展开对遗体的冷却处理工作，之后，遗体就会通过航空或陆路运输，抵达旅途的终点——凤凰城。

这套程序成功与否，很大程度上取决于死亡的可预测性。因此，总体来说，癌症是不错的死法：如果你想要延寿的可能性更高，那么晚期癌症就是一个非常好的来生新起点。相比之下，心脏病突发就不太妙了，因为工作人员很难预测你究竟什么时候会需要冷冻处理。而动脉瘤或者中风就更糟糕了，因为如果它已经强大到能够致死，那么势必已经给你的大脑带来了损伤，这就会让问题变得更复杂，尽管复原也并不是毫无希望，因为在这里，我们毕竟讨论的是未来科学。意外事故、自然灾害等可以算得上是最糟糕的情况了，阿尔科生命延续基金会的研究员们也对此束手无策。比如，在“9·11”恐怖袭击事件中死亡的阿尔科生命延续基金会会员，或是搭乘了一趟在阿拉斯加失事的航班的会员。

“这些死法可不太理想。”摩尔如是说，脸上露出了一种死神般的讽刺。

如果你是一个保存全身的“病人”，那么你的身体会被放置在一个倾斜的操作台上，操作台的四面有一圈低矮的有机玻璃围挡。然后，你的头骨会被钻上小孔，方便人体冷冻团队来判断大脑的状况，观察肿胀或收缩状态。然后他们会打开你的胸腔，检查心脏。接下来，他们会把你的主动脉、静脉与一套灌注机器接通，冲出体内剩余的血液和体液，然后用特殊的冷冻保护剂取而代之。“有点儿像是医疗级的防冻液。”摩尔介绍说，它可以防止体内冰晶的形成。如果你希望以某种合理的形态保存足够长的时间，长到能够等到未来科学复原你的生命，那么你一定不希望自己的细胞中生成冰晶体。在所有会大幅降低复活后生活质量的影响因素中，冰晶算得上是极为危险的一个。

摩尔说：“所以你需要的是玻璃化，而不是完全冻结。玻璃化能形成一种树脂块，它能把所有的东西固定在自己应在的位置，而且不会形成锋利的边边角角。”

如果你是一位选择神经保存服务的“病人”，那么这就意味着，你还需要再多经历一个“斩首”过程。这些操作同样会在刚刚提到的那个操作台上完成。在遗体冷冻行业的行话中，切下的头颅被称为“cephalon”，我们姑且就称之为“头盾”吧。后来我才了解到，这其实是个动物学术语，特指节肢动物（比如海洋三叶虫）的头部。那么，为什么人们会认为这个词比“头颅”更合适呢？这个问题我不太了解，不过有一点我可以肯定：用“头盾”这个词可以转移我们的注意力，不去想那些被砍下的“头”。不过这种做法我觉得不太成功。这些“头盾”在与身体分离后，会放置在被称为“头盾箱”的有机玻璃容器中，然后由一些呈圆形排列的夹子夹住，倒置放好，直到前述程序都执行完，才可以开始冷冻。

在这次拜访的过程中，摩尔所做的一切都符合我心中对他所讲述的概念的那种不适之感。B级电影中肢解场景的病态仪式就这样被介绍给我，仿佛它只是医疗界的权宜之计中一个简单的问题。就充满希望的人体冷冻技术而言，的确如此。

阿尔科生命延续基金会将已接收到的117位“病人”安置在了一个名为“病人护理湾”的区域。这是一个巨大的仓库，天花板极高，里面立满了2.4米高的不锈钢圆筒。在这些圆筒上，都印有阿尔科生命延续基金会的标志——蓝白相间的艺术字“A”。不过在这个简约版的标志前，阿尔科生命延续基金会还曾采用过一个更形象的图像—— 一个白色的高举手臂的人形，周身围绕着振翅的浴火凤凰发出的蓝色火光。

既然谈到了这个话题，我们就为这种小说一般的怪诞情景再稍作停留。这家旨在帮助人类“复活”的公司，将总部设在了以神话中可以涅槃的沙漠之鸟命名的“凤凰城”的郊区。如果你刚才看到的这句话出自一本小说，想必可能会不屑地皱起眉头。这种反应当然可以理解，用“凤凰城”来隐喻重生，这种描写要是出现在小说中，还真的是太过俗套与画蛇添足了。

那些圆柱体容器也叫“杜瓦瓶”（Dewar）。它们实际上是一些巨大的充满液氮的保温瓶，每个瓶子的内部空间足够存放 4 个全身冷冻的“病人”。这些完整的遗体会放置在环绕排列的杜瓦瓶之中，这些杜瓦瓶所围绕的中央立柱，则会用来摆放那些被切割下来的“头盾”。每个“病人”都会被单独放置在这些铝隔间的“睡袋”之中。摩尔告诉我，那些仅用来保存“头盾”的杜瓦瓶，每个可以储存多达 45 颗。这些头盾会被分别放入小型金属圆桶内，这些桶看起来有点儿像是宜家卫浴专区里人们常见的那种不锈钢废纸篓。存储成本低，正是神经保存比全身保存更实惠的原因。

穿过那些高立的杜瓦瓶所投下的阴影的时候，我试着去想象这些容器中漂浮着的躯体和头颅，这些故去的人们就沉睡在这里，静静地等待着一个参与到未来世界的机会。我听说这些杜瓦瓶中存放着的遗体里，就有迪克·克莱尔（Dick Clair）的遗体，他是 20 世纪 70 年代情景喜剧《生命的事实》（*The Facts of Life*）的制作人，1988 年因艾滋病去世。这里也存放有棒球传奇人物泰德·威廉姆斯（Ted Williams）的头颅。在我们附近的罐子中，还存放着作家 FM-2030 的一部分遗体。这位伊朗裔未来主义者改掉了以前的名字：费列伊杜恩·伊斯凡戴尔瑞（Fereidoun M. Esfandiary），以此证明自己对人类能够在 2030 年之前解决人类死亡问题的信心。

出于安全考虑，公众不能获知某位冷冻者的具体安息之处，因此我并不清楚他们每个人究竟长眠于哪个杜瓦瓶里。摩尔曾经和我提到，他与妻子娜塔莎·维塔–摩尔（Natasha Vita-More）邂逅时，她还在和 FM-2030 交往。我不禁产生了一波哥特式情节的丰富遐想：在这个护理港湾中，这位男子被人指控持有现任妻子前男友的尸体——那是一个技术乌托邦主义者，一个深信自己能够豁免于死亡的人的遗体。

不过需要重申的是，对于摩尔和那些选择注册躯体冷冻的客户来说，他们存放在这里的躯体绝不是“尸体”。

“冷冻只是急诊抢救的医学延伸。”摩尔说。

因为冷冻技术看起来是对正统临床医学的直接否定，我们很容易将其视作某种邪教巫术，或是把阿尔科生命延续基金会看成是一个讽刺的关于现代科学主义泛滥的主题展区。不过，这里并没有人真的会向你保证，你一旦注册就势必可以重生。就连摩尔自己也承认，阿尔科生命延续基金会所做的努力就像是橄榄球赛落后的一方，在比赛临近结束时向底线区不顾一切的一次疯狂传球。阿尔科生命延续基金会的关键卖点在于，至少它还是值得一试的，虽然注册了会员不一定能保证让你复活，但不注册，肯定会极大限度地降低重生的机会。如果看到这儿，你联想到了布莱士·帕斯卡的赌注[①]，那么我敢打赌，你肯定不是第一个这么想的人。

在穿过病人护理湾走向出口的时候，摩尔对我说：“就我个人而言，我其实希望自己能够不用被冷冻。对我来说，理想情况是自己能够保持健康，将更多的资金投入到寿命延长的研究之中，从而真正达到人类寿命的逃逸速度。”他这里所指的是阿尔科生命延续基金会的科学顾问奥布里·德·格雷（Aubrey de Grey）的寿命延长项目。格雷认为，如果每年长寿研究能够将人类平均寿命增加一年以上，那么从理论上来说，我们就能够将死神甩在身后。

① “帕斯卡的赌注”是法国数学家、物理学家兼思想家布莱士·帕斯卡（Blaise Pascal）在其著作《思想录》中表达的一种论述，即：我不知道上帝是否存在，如果他不存在，对无神论者没有任何好处，但如果他存在，对无神论者将有很大的坏处。所以，我宁愿相信上帝存在。——编者注

“当然，我还是有可能被卡车撞到，”摩尔说，“或者也可能有人会来谋杀我。不过躺在这些容器中，无法控制自己的命运，显然对我毫无吸引力。只不过，这比其他替代方法要好些而已。”

在病人护理湾入口的地板上，平放着一个看起来比其他杜瓦瓶更小也更老旧的容器。它一端是打开的，因而狭窄的内部管道隐约可见。另一端的一块牌子记录着这个杜瓦瓶中曾经存放的人——詹姆斯·贝德福德（James Bedford）。存放他遗体的这个杜瓦瓶曾位于南加州，后来在 1991 年，贝德福德的遗体被移至一个更现代化的容器中。贝德福德生前曾是加州大学心理学教授，他是世界上第一个接受冷冻保存的人。他的躯体保存工作在 1966 年由一位化学家、一位内科医生和一位来自洛杉矶的电视维修电工合作完成。这位电工名叫罗伯特·尼尔森（Robert Nelson），他曾凭借对“冷冻复活”的着迷和深入研究，当上了加州人体冷冻协会（Cryonics Society of California）的主席。

摩尔偶然间提到，贝德福德出生于 1893 年，这意味着遗体冷冻技术已经让他成了全球“在世”的最高龄的人。我提醒他说，“在世”这个词有些牵强，不过摩尔却不以为然。

摩尔反过来提醒我说，这些“病人”在被宣布死亡后很快就得到了妥善处理，并在躯体腐烂之前就进行了冷冻保存。此处他争论的核心前提是，真正的死亡并不是在心脏停跳的那一刻，而是在那之后的几分钟：当身体的细胞、化学结构开始逐步瓦解，没有任何技术能够将之重置回原先的状态时。

所以，这些被冷冻的尸体并没有处于一般意义上的标准死亡状态。或者说，他们根本不算是遗体，而是一些被保存在了生与死交界之处的人类，一些不再因时间流逝而老去的人们。

在索诺兰沙漠腹地，我想象着那些被不锈钢容器、防弹玻璃墙保护着的

“病人”的灵魂。此时，这些灵魂正处于一种对延长寿命有所希冀的状态，等待着有一天，未来技术能带他们脱离死亡。躺在这里的男人和女人，躯体和头颅，可能永远都无法重生，但是在这个“暂停”状态下，在这个等候的过程中，却充斥着一种不可思议的神圣意味。这个仓库是现代幻想者的陵寝，而对于未来人类，它又会像是某种古老而原始的遗址。我感觉自己站在了一片神圣的土地上，一片无法在浩瀚历史长河中妥当安放的地方。

不过，我觉得这样描述可能也并不是很对，因为我所在的地方是一个叫作“美利坚”的特别的国家。我所在的这片土地曾是殖民地边界的开阔地，也是以前西部扩张的历史舞台。正是在这里最先上演了无限国家潜力、无限个人梦想的美式戏码——一首有关昭昭天命的鲜血与黄金的狂想曲。在我身处的这个场景中，放满了银色的罐子，错综复杂地陈列着各种小工具，看起来就像是技术独创性与管控力的疯狂盛筵，像是科幻电影中随时可能被废弃和运走的布景，然后只留下美国西部的荒漠，以及满眼的死亡之景。

我想象着在遥远未来的某一个文明中，一批探险家在沙漠深处挖掘出了这些杜瓦瓶，满怀趣味与好奇地检查着这些被部分保存的遗体——身体和“头盾”。他们满脸困惑地想，这些人究竟是谁，为什么会这样。我想知道，我该如何去回答他们的问题（如果我能够以某种方式回答的话）。我会说这些逝者相信科学？相信未来？相信永远不会老去？相信自己的人身保险条例？相信金钱的神秘力量？相信自己？或者，更简单地回答，他们是美国人？

24 到 32 美元，越来越便宜的费用

阿尔科生命延续基金会的使命看起来充满了人道主义色彩：虽然和其他任何一家企业一样，他们也希望能够扩大客户群，但是，阿尔科生命延续基金会却似乎没有沾染到浓烈的铜臭味。这也许是因为他们的目标恰好也与人们打

败死亡的总目标不谋而合。

阿尔科生命延续基金会官方网站上发布了一篇长文，它从技术层面讲述了冷冻悬置复活人类所涉及的程序。这篇文章的标题为《如何冷冻保存每一个人》(*How to Cryopreserve Everyone*)，作者是计算机科学家、公钥密码学创始人拉尔夫·默克尔（Ralph Merkle）。这篇文章将阿尔科生命延续基金会的使命描述为："这是一个关于未来的愿景——活着的每一个人都能够在一个物质极大丰富的世界里，享受到身强体健的长寿生活。"默克尔断言："我们确信，技术的进步最终将让这一未来成为现实。"

但是，还是有一些无法忽略的问题。比如，存放所有患者所需要的费用，再比如冷冻保存所需要的物理空间：应该如何存放下地球上所有死亡的人？当然这里指的生命，不是身体而是头颅（因为对每个尚存于世的人都进行全身保存显然会是一场噩梦）。默克尔在那篇文章中提出了对这个棘手的存放问题的一种可能的解决方法：超大杜瓦瓶（RBD）。

默克尔写到，全球每年的死亡人数在 5 500 万上下。假设我们打造了半径为 30 米的超大球形杜瓦瓶。根据人类头颅的平均尺寸计算，一个超大杜瓦瓶能够轻松地容纳 550 万颗"头盾"；因此，每年只需要造上 10 个这样的超大杜瓦瓶，就能够装下全球每年去世了的所有人。我们可以就这样不断地制造，直到死亡得到逆转为止。

当然，与此相关的其他费用也绝对不容小觑。每个超大杜瓦瓶的容积为 1.13 亿升，这意味着你需要大量的液氮进行填充。以每升液氮 10 美分左右计算，每个超大杜瓦瓶的填充费用将高达 1 100 万美元。当然还会有一些其他花销，比如蒸发损耗、绝热处理以及杜瓦瓶的保养费用等。不过即便把这些钱都算进来，存放全世界所有死亡人口的价格仍然很有竞争力——大约每个头颅的存储费用为 24~32 美元。而对于那些保存全身的人来说，费用大约需要在这一数字后加上一个零。

这篇文章的关键在于，无论是从商业还是技术角度考虑，用于让我们躲避死亡命运的冷冻保存技术，至少在理论上是一个可以扩展的模型。

更长久的生命

为了存放那些乐观主义者的遗体，阿尔科生命延续基金会应运而生。这里的宁静与肃穆，是那样沉重而令人感到讽刺。我觉得讽刺感最浓郁的地方，正是摩尔自己的境况，或是我脑海中不经意、不受控制地去勾勒出的情景。

这个男人致力于帮助人类超越自身条件的极限，大幅地延伸人类经验和潜力所能达到的范围。摩尔在 20 来岁时离开大不列颠前往美国，开展了一场负熵运动（Extropian）。这一运动的命名是为了蔑视著名的“熵增原理”：在一个中心并不稳定的宇宙之中，一切的存在都倾向于分解、混乱以及衰落。这个男人将自己奉献给了一项特殊的事业，也就是他所谓的：“为了克服那些阻挡了我们的进步、限制了我们的可能性的约束条件而奋斗终身。这是作为个体、组织乃至物种应做的。”在这个男人还是个年少轻狂的男孩时，曾以一种激进的自我发明的姿态，将自己的名字从迈克斯·奥康纳（Max O’Connor）改为了迈克斯·摩尔（因为“more”意为“最大，更多”）。他曾经在接受《连线》杂志采访时对此做了解释：“这个名字真的囊括了我的目标的本质，就是不断改善、永不停滞。我周遭的一切都会变得更好，我会更聪明、更健硕，也更健康。这个名字将提醒我不断向前。”[①] 这个人曾以明确的、持续的方式进行了

① 1990 年，摩尔在负熵运动内部刊物《负熵》杂志夏季刊发表的一则公告中，对改名字的原因做了一次稍有不同的解释：“我从此不再是‘迈克斯·奥康纳’，我把自己的名字改作了‘迈克斯·摩尔’，以此消除我与爱尔兰（这意味着落后而不是未来的方向）之间的文化联系，并表明“负熵”所代表的欲望：更长的寿命、更强的智能以及更多的自由。”

自我超越的尼采式任务。

摩尔成日都守在凤凰城郊区工业园中一个狭小的办公室里，被死者包围着。他为“病人”的希望“耕耘”——这是真的。不过同时，他也是尸体的处理者、遗体的保管人，相当于死灵飞船——这也没错。

摩尔与妻子娜塔莎合作编著的选集《超人类主义者读者》（*The Transhumanist Reader*）出版了，他在这本书的引言中写道：“成为后人类，意味着超越了那些导致‘人之境况’中不太理想的方面的限制。后人类将不再遭受疾病、衰老以及无法逃脱的死亡。”

摩尔关于未来技术能帮助人类摆脱缺陷的想法似乎源于他先天的乐观主义。他的母亲给他起名为 Maximilian，意为“最大的”，这是因为在他出生的医院里，他是最重的婴儿。他感觉到，自己身上的某种超人类主义者的基因似乎是与生俱来的。从记事起，这种感觉就深藏在他的体内，这是一种对超越限制、甩掉缺陷的渴望。

摩尔出生于英格兰西南部的港口小城布里斯托（Bristol），他从小就痴迷于宇宙的奥秘以及太空殖民的想法。他对我说：“5 岁那年，我观看了阿波罗号登月。我是少数痴迷于此事的人，观看了此后的每一次登月。我喜欢这个脱离我们所在的星球的想法。”那时候，他对一个叫《未来青年》（*The Tomorrow People*）的儿童节目情有独钟，这是 20 世纪 70 年代英国电视台的一档定期节目，讲述的是一群拥有超能力的青少年（心灵感应、心灵遥感、心灵传动）成了未来人类演化的守卫者。他们在拯救世界的挑战中，得到了一个在废弃的伦敦地铁站中安家的名叫 TIM 的人工智能的帮助。小时候的摩尔经常会在布里斯托各个书店和图书馆的科幻小说区域里流连忘返。同时，他也看了很多有关超级英雄的漫画，这一切可能都加深了他对人类未来发展的情感。漫威之父斯坦·李（Stan Lee）的漫画《钢铁侠》（*Iron Man*）表达了通过技术强化人体的幻想，这对摩尔有着特别的影响。

10岁左右时，强化人类的早期兴趣带领摩尔接触到了玫瑰十字会主义隐匿的奥秘。13岁时，他又转向了神秘主义。在当时他就读的那所非常保守的寄宿学校里，有个拉丁老师曾经开了一门有关"超觉静坐冥想"（Transcendental Meditation）的课程，他是选择了这门课程的两个男孩中的一个。不过很快摩尔就发现，自己并不具备冥想所需的心性，因为它要求严格的静谧和耐心。

就像摩尔自己说的那样，十五六岁的时候，他发展出了更强大的批判性思维能力，从而脱离了青春期早期对神秘事物的着迷。之后，他又邂逅了自由意志主义，加入了一个名为自由意志主义者联盟（Libertarian Alliance）的组织。他对这里志同道合的人都非常友善，他们都向往着太空殖民以及增强人类智慧。在这个新的圈子中，冷冻保存技术是一个热门话题，而摩尔开始希望将自己塑造为这一领域的领先人物。1986年，还在牛津大学学习经济学的摩尔前往加州度过了6个星期。在加州里弗赛德市阿尔科生命延续基金会最早的总部附近，他展开了一次实情调查工作。再次返回英国的时候，他建立了美国本土外的第一个冷冻协会。

1987年，完成牛津大学的学业后，摩尔搬到了洛杉矶，开始了自己在南加州大学的哲学博士研究。他的毕业论文讨论了死亡的本质以及自我随时间推移的连续性。这一研究显然展示了他对冷冻保存技术和延长生命的兴趣。不过，只要摩尔在导师面前直接提出这一问题，导师就会表现出明显的不适。

"我问导师是不是觉得这不可行。"摩尔说到这件事情时，我们正坐在一个椭圆形的会议桌旁，可以从正对着的防弹窗俯瞰病人护理湾的远景。

摩尔说:“我想知道，导师在哲学层面会提出什么反对意见，比如，如果你复活了，或是意识上传了，那么‘你’还是你吗?她总会说‘不’。我问,‘那么问题是什么呢?’她回答说，‘这些想法都太阴森恐怖了!’”

说到这儿，他坐在皮椅子上的身躯突然略微前倾，当年的沮丧之情瞬间又重现在他的脸上。

“听到这样的话，我真的不知道该如何作答，”摩尔说，“如果不选择这样阴森的想法，那么我们需要面对的是什么?把身体埋在土里，然后慢慢等待着虫子啃食、让细菌将它分解殆尽吗?”

摩尔摇摇头，然后用一种坚忍克制的姿态摊开了双手。他说这种反射式的恶心感才是真正的问题所在。他说，美国总统生命伦理委员会(President's Council on Bioethics)前主席利昂·卡斯(Leon Kass)曾经写了一本题为《超越诊疗》(*Beyond Therapy*)的书，这基本上就是对超人类主义的冗长的驳斥。

摩尔解释说:“卡斯提出了一个名叫‘厌恶的智慧’(Wisdom of Repugnance)的概念，也就是说，如果他感觉什么东西不对劲，那么那就是错的。人们通常会有这样的本能反应，这是因为神话故事告诉我们，对超越了人类极限的事物应该感到恐惧。比如《圣经》中的巴别塔，以及希腊神话中因为盗取神火而遭罚、被老鹰啄食肝脏的普罗米修斯。人们总会觉得，未来世界的事物是可怕的。可是一旦迎来了它们，人们又会欣然接受。”

刚到南加州大学的时候，摩尔遇到了一位名叫汤姆·贝尔(Tom Bell)的法学专业的学生。贝尔也是一位自由意志主义者。与摩尔一样，他对寿命延长、智力强化以及纳米技术也保持着极为乐观的态度。两人相见一拍即合，创办了一本叫作《负熵》(*Extropy*)的杂志。不久后，他俩又成立了一个非营利性组织，并命名为“负熵研究所”(Extropy Institute)。虽然两人中，摩尔与负熵主义（通常被视作早期的超人类主义运动）的关系更为密切，不过按照摩尔的话来说，贝尔才是创造了这个词的人。那段日子，贝尔把自己的名字 Tom 改成了 T. O. Morrow，不过 20 世纪 90 年代末，他又改回了原先那个不那么炫酷的名字。

摩尔认为，他在 1990 年写的一篇名为《负熵主义原则》(*The Extropian Principles*）的文章阐述了这一运动的理想：无限扩张、自我改造、动态优化、智能技术、自发秩序。他认为这也是“首个全面而明确的超人类主义的声明”。负熵研究所没能坚持过 21 世纪的第一个 10 年，那时候，它已经或多或少地参与进了更广泛的超人类主义运动之中。后者被包含在 Humanity Plus 的官方组织之中。而摩尔的妻子娜塔莎正是 Humanity Plus 的负责人。

摩尔和娜塔莎在 20 世纪 90 年代初的一次晚宴上相遇。那次晚宴由 20 世纪 60 年代迷幻药大师蒂莫西·利里（Timothy Leary）主持。这位大师在自己生命的最后阶段，开始倡导遗体冷冻保存及寿命延长技术。[①] 虽然娜塔莎要比摩尔年长 15 岁，但两人自相遇那一刻起，就彼此感觉到了一种吸引力和思想上的联系。虽然那时的娜塔莎仍然和 FM-2030 交往，但在 6 个月后，他们的关系便走到了尽头。后来她邀请摩尔作为她主持的洛杉矶访谈节目的嘉宾，两人很快便开始约会。

我又前往他们的家，这次是去拜访娜塔莎。那是他们二人名下的一栋非常简约的别墅，他们还养了一条名叫奥斯卡的惹人喜爱的金黄色贵宾犬。最近，

① 利里打造了一套未来主义原则——SMI²LE（太空移民，智力提升，寿命延长）。他是阿尔科生命延续基金会的长期会员，并积极组织活动，每年阿尔科生命延续基金会的年度火鸡大餐都会在他家烹制。然而，当到了最后需要安排他的遗体的时候，他却选择了将火葬的骨灰通过大炮射向天空。这是冷冻保存者社团之中一个永远的痛点，也被视为一场重大的悲剧——这种立场也契合了永生主义的世界观。在 1996 年的《负熵》杂志上，摩尔和娜塔莎痛批了利里的决定，认为这是向“死亡主义”意识形态的一次投降。

奥斯卡也注册加入了一个宠物专属的冷冻保存的项目。我到的时候，娜塔莎正急匆匆地吃着已经晚点的早餐——麦片加水果。她刚刚在坦佩市的一所名叫先进技术大学（University of Advancing Technology）的私立大学上完一节有关未来主义的课。

娜塔莎 65 岁，外表看起来泰然自若而又朴素优雅，待人接物的方式让人如沐春风。她保养得很好，岁月几乎没有在她的脸上留下什么痕迹。娜塔莎谈到了自己与摩尔的婚姻，认为两人更像是独立、互补的结合：理性分析与艺术风雅的综合，高校学者与社会名流的交融。她谈了很多，说到摩尔的英伦范、他的牛津本科学位，还谈到了他比自己要年轻 15 岁。

“我们来自不同的年代，”娜塔莎说，“来自截然不同的两个世界。”

20 世纪七八十年代，娜塔莎投身于先锋艺术和独立电影的世界。她曾经在日落大道经营着一家表演艺术夜总会，为《好莱坞报道》（*The Hollywood Reporter*）撰稿，还曾经为弗朗西斯·福特·科波拉（Francis Ford Coppola）工作了一段时间。她说，那几年里她和维尔纳·赫佐格（Werner Herzog）、贝纳尔多·贝托鲁奇（Bernardo Bertolucci）等名流都十分熟识。

娜塔莎谈到，在那段漫长而无拘无束的日子里，她的生活被形形色色的人以及各种各样的处世哲学填得满满当当。她讲了备份意识和身体的想法，也提到了肉体的脆弱性和技术的力量。她用一种神秘的口吻介绍着，表现出一种既热情又疏离的占卜师般的气质，就好像她已经身处遥远的未来。

像摩尔一样，她的名字也像是一种承诺的烙印，这是她对自己的承诺。维塔–摩尔（Vita-More）——更长久的生命。

娜塔莎告诉我，当年 30 出头的她便遭遇重创，身体极度虚弱。也正是从那时候开始，她开始认真地思考技术和死亡。1981 年，由于异位妊娠，她失去了腹中的孩子。当时被发现的时候，她已经因大出血倒地，躺在一片血泊之中。当赶到医院迅速抢救时，她与死亡的距离只有短短的几分钟。当从死神的魔掌中逃出来时，她深刻地意识到了人类躯体的机制既脆弱又不可靠，我们每一个人都深陷困境，都会流血，都被烙上了死亡的印记。正是这次经历促使她走向了超人类主义的阵营。

娜塔莎说："有人会问，如果你生活在某些信息闭塞的地方，一切都遭到严格的管制，怎么可能自由地思考。但是，我们每个人的人格实际上都被神秘、未知的事物所限制，这就是我们的身体。大病初愈之后，我看待世界的角度也变了。我对人体强化尤其感兴趣，比如，如何能在疾病和死亡的残暴威胁下独善其身。"

在一篇有关意识上传的文章中，摩尔记录了自己的想法。如果能够活足够长的时间，他愿意"将自己的身体换成其他实体或虚拟的存在"。未来人类生命载体的外形以及运转机制是什么样的，这是一个开放性的问题，不过娜塔莎的"原始后人类"项目（Primo Posthuman）应该是一个可能的答案。这是她所描绘的未来的蓝图，她称其为"平台多样的躯体"，这有点类似于现在的"可穿戴技术"的概念。人的躯体将被光滑的人形装置取代—— 一个"更强大、更灵活的躯体，具备可扩展的功能和时髦的风格"。只需要通过上传基底独立意识，你就能够拥有并控制新的躯体。

这就是娜塔莎眼中未来无躯体人类的原型，她对未来人类意识被上传到的载体形式的愿景。上传的意识包括她和摩尔的，也包括阿尔科生命延续基金会那些杜瓦瓶里存放的头颅中的意识，还包括那些在冷冻液中等待着成功复活的人们的意识。这就是娜塔莎对人类该如何重生的建议：带着自己的思想和意识降临到这些闪亮的人形机器上，新的躯壳装配着纳米技术存储系统、即时数据重播和反馈系统以及嵌入式高通量的矛盾检测器。

娜塔莎想象中的完全机械化的身体、不可穿透的机械外壳，这种理想的自画像难道不正是一种别具新意地对自己的脆弱和必死命运的抗拒？

她说："如果现在的这个身体失灵了，我们就必须找到新的。你随时可能死去，这些死亡是不必要的，也是不可接受的。作为一位超人类主义者，死亡并不会让我感到害怕，而是会让我感到不耐烦和烦躁。人类这个物种总是处于焦虑的状态，因为我们终有一死，死神总会结束我们的呼吸。"

我无法否认，这种必死之人的境况着实难以让人接受，而这正是我们要强化自己的原因。跟娜塔莎的对话，让我想起了自己对超人类主义的一贯不安的情绪。它存在的前提是，我们每个人都深陷困境，会流血，会被死亡击败。不过命运也存在着异数，也许科技能够挽救我们，将我们从这样的窘境之中解脱出来。也许，这两件事既有关系，也没有关系。

无论是冷冻悬置保存，还是用思维驱动的身躯的替代品，这些提议似乎都徘徊在对技术寄予的希望和凡人持有的恐惧的边界上。我无法想象自己会坚信这些论调。可我又同样无法将自己的信仰维系于现在的这个世界，维系于这个我所生活并将度过此生的所谓的真实世界，维系于它那些仍然不大可能实现的技术、基于妄想而生的经济制度和体系，以及那些难以想象的变革和狂妄之上。就我个人而言，我们所处的境地，即使存在了很多年，仍然不能让人坦然接受。

无论如何，这就是当我坐在凤凰城的机场，等待飞往旧金山的班机时的亲身体会。从都柏林到美国的旅程仍然让我饱受时差的折磨，我的感觉也变得亦真亦幻。我想，技术是否真的会是一个可行的策略。社交媒体、互联网、航空旅行、太空探险、电报、火车以及车轮，这一切的发明和革新，不正是我们为了脱离自己的身体、脱离自身所处的空间和时间而做出的努力吗？

这些想法是我和摩尔夫妇交谈后的产物，是我在那些冷冻保存的遗体的包围中度过了几个小时后的结果，也是我即将在旧金山面对的事实所带来的影响。我在那里要见的这个人，他的目标是取代自然。我要去见一位神经科学家，他长期的研究课题正是阿尔科生命延续基金会保留的那些“头盾”的未来的希望：将人类的意识上传到机器之中。

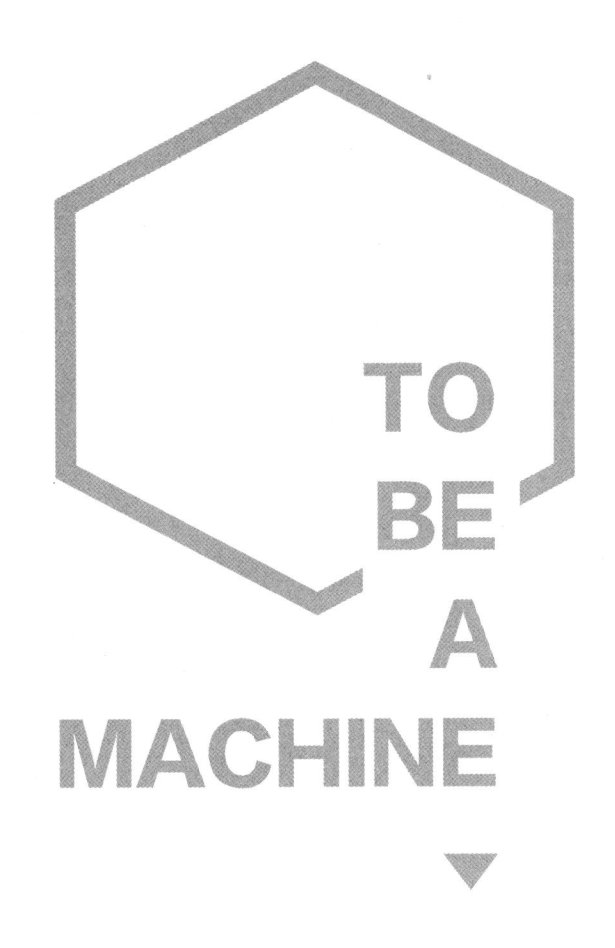

第二部分

从超级智能到半机械人，化身情感机器

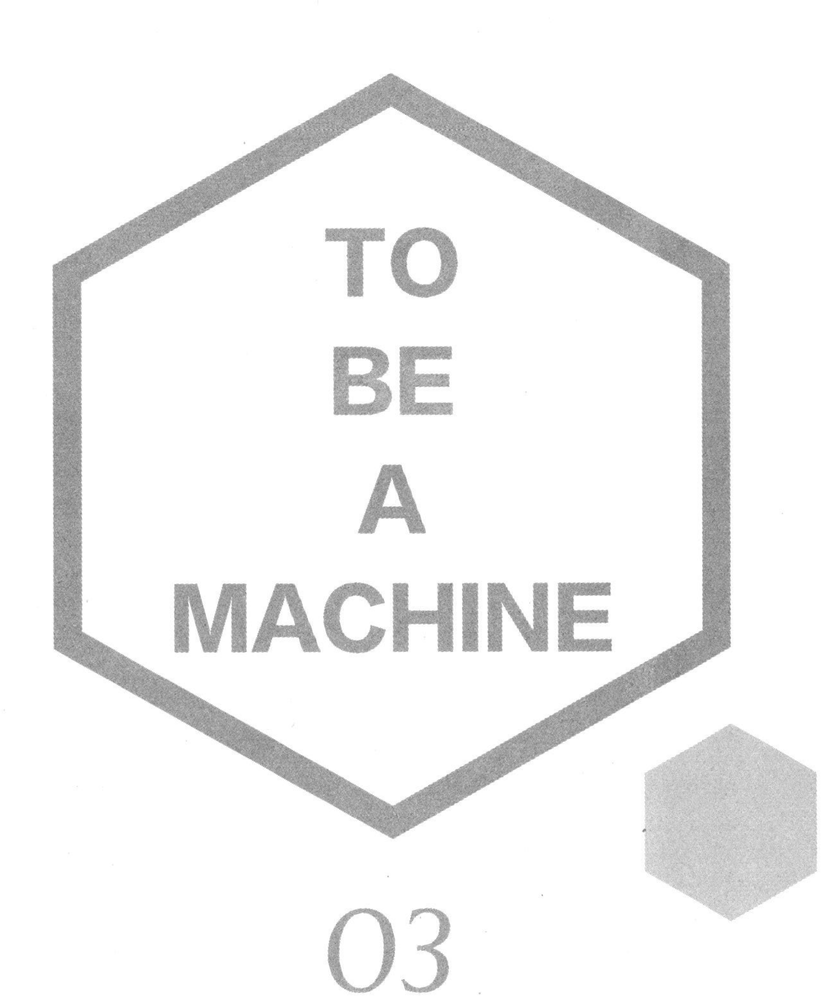

03

全脑仿真，实现无限自我复制与迭代

某个时刻，你会意识到，自己已经不再存在于曾经的躯壳之中。带着悲伤、恐惧或是一点点儿好奇心的情绪，你看着手术台上自己的身体逐渐停止了痉挛，变成了一堆无用的皮囊。

一旦超脱自然命运，你就即将会面对这些事情：你会被放置在手术台上，尽管仍然具有完整的意识，但没有知觉，动弹不得。这时，一个人形机器人出现在你旁边，在开始执行任务前，它先向你鞠了一躬。一阵轻快的操作过后，这个机器人从你的头颅后部移除了一块骨头，然后小心翼翼地将蜘蛛腿般纤细的“手指”放到了你黏糊糊的大脑表面上。你可能对这一过程有些疑惑。如果可以的话，请暂且将这些情绪都搁置一旁吧。

已经进行到这步，你也就没有退路了。这个配有高分辨率显微接收器的机器人正在用自己的手指检查你大脑的化学结构，并将得到的数据传输到与手术台相连的功能强大的计算机上。而后，这些手指又进一步探入你的大脑，扫描更深层的神经元，并建立它们之间的复杂网络的三维图像。与此同时，它还在计算机上创建代码，对你的神经活动进行建模。随着工作的进行，另一个看起来并不太细腻精致的机械件将扫描后的生物材料扔到了一个存放生物废料的容器中，以便后续清除。

你不再需要这些生物材料。

某个时刻，你会意识到，自己已经不再存在于曾经的躯壳之中。带着悲伤、恐惧或是一点点儿好奇的情绪，你看着手术台上自己的身体逐渐停止了痉挛，变成了一堆无用的皮囊。

动物性的生命已经告一段落，机械生命就此拉开帷幕。

这一切有点儿像汉斯·莫拉维克（Hans Moravec）在《智力后裔》（*Mind Children*）一书中所描绘的场景。莫拉维克是卡内基梅隆大学的认知机器人学教授，他坚信，人类未来的走向定会通往我们通过类似于上述的方式来大规模地舍弃自己的生物学躯体。这也是很多超人类主义者的共同信仰。一直以来，雷·库兹韦尔都是“意识上传”概念的支持者。他在《奇点临近》（*The Singularity Is Near*）一书中这样写道：“把人类的大脑放到电子系统上进行仿真运行，会比我们的生物大脑快上许多。虽然人脑结构受益于大规模的并行计算（最高可达 100 万亿神经连接这一数量级），不过这些连接的休整速度，相比现代电子技术却要缓慢不少。”他认为，执行这种仿真所需的技术，比如算力强大、存储空间足够的计算机以及先进的大脑扫描技术，将会在 2030 年前后实现。

显然，上述断言非同小可。在这里，我们谈论的不仅是从根本上延长寿命，同时也包括彻底扩展人类的认知能力、无限制地进行自我复制和迭代。经过这一过程，人类将会真正地成为具备无限可能的存在。

我知道，这种“无形心智”（Disembodied Mind）的概念正是超人类主义的核心。与大自然脱离开来是这一运动的最高理想，也正是那些在阿尔科生命延续基金会的杜瓦瓶中冷冻保存的躯体和头颅的未来。不过，从我的理解来看，这一概念仍然处于投机炒作的范畴，纯粹是科幻小说、技术未来派论战和哲学思想实验里的佐料。

后来，我遇见了一个叫兰德尔·科恩（Randal Koene）的男人。

记得那是在旧金山湾区的一场超人类主义大会上。那天，科恩本人并没有登台演说，他只是出于个人兴趣参加了这场会议。初见他的第一印象令人愉悦，他 40 岁出头，内敛又有趣。由于来自非英语国家，虽然他已经熟练地掌握了这门语言，但我在交谈中还是能听出一些不够地道的停顿。这次闲谈很是短暂，我必须得承认，当时自己并没有完全听明白他究竟在做些什么。临别时，他递给我一张名片。不过，直到那天深夜，当我回到在旧金山米慎区（Mission）租住的房子时，才有时间把这张名片掏出来仔细查看一番。名片上印有一台笔记本电脑，仔细一看，这电脑的屏幕上显示着一幅人脑艺术画。图片下方印着一段神秘又吸睛的信息："复写（Carboncopies）——通往基底独立意识的现实路径。创始人：兰德尔·科恩。"

我拿出自己的电脑，输入了"复写"的网址。原来，这是一家"非营利性机构，致力于推动神经组织和完整脑部逆向工程，即通过全脑模拟和神经假体来重造大脑的功能，实现我们所谓的'基底独立意识'"。这个有些生僻的术语，意为"在生物脑本体之外，采用其他操作基底来保留人的意识与经历"。我进一步了解到，这个过程"类似于那些具备平台独立性的编程语言，可以在各种不同的计算系统中编译、运行"。

不经意间，我就幸运地邂逅了活跃在意识上传领域的这位专家——科恩、安德森·桑德伯格、迈克斯·摩尔和娜塔莎都曾介绍过意识上传，库兹韦尔的《奇点临近》一书中也曾描述过这个前沿领域。我得再去见见他！

复写意识和脑机接口，创建数字版不死之躯

科恩平易近人又颇具口才。在遇到他之前，我很难想象和一个智力超群的计算神经科学大咖对话也能这么引人入胜。正因为这一点，在他的公司里，我时常会突然忘记这些研究项目的不可思量的影响力，也会忽略他正在给我解释的那些内容深刻的形而上学的怪异性。他经常说着说着就会跳到一些似乎并不太相关的事情上，比如，他和前妻还保持着怎样亲密和谐的关系，再比如欧美学界的文化差异等。在这些交织杂乱的话题里，我有些不安地勉强想到，假

若他的研究终能达成目标，这将成为自智人演化以来最重要的历史事件。虽然从现在来看，科恩研究成功的可能性或许很低，不过我转念一想，其实自然科学史本身不就是一部记录了无数看似绝无可能却又终成现实的发现、发明的编年史吗？

科恩在旧金山湾区北部租了一幢平房，房子周围生活着不少的野兔。早春的一个晚上，他从家驱车前往旧金山，同我在哥伦布大道上的一个阿根廷小饭馆里共进晚餐。菜单上一道名叫“半只兔子”的菜成功吸引了科恩的注意力，不过一想到大快朵颐之后还要回家面对一只只活的兔子，他还是克制住了自己的口水，转而点了一份鸡肉。他一身黑衣黑裤黑鞋，外面却套了一件叶子图案的亮绿色的中式“尼赫鲁式”立领外套。这一身混搭装扮，颇具误导性地为他增添了几分生存主义者的神秘气质。

科恩的口音还是能让人听出荷兰裔的痕迹。在年幼时，他曾经旅居过很多地方，出生于荷兰中部城市格罗宁根的他，童年的大部分时光却是在哈勒姆[①]度过的。后来，他又跟随身为粒子物理学家的父亲去温尼伯[②]住了两年。由于父亲的实验工作，他们全家也不得不在一个个核设施间辗转迁徙。

如今，年过不惑的科恩看起来还是像个活脱脱的大男孩。虽然搬来加州才 5 年，但他已经把这里当成了自己的家，或者说，这里是他的游牧人生中最接近家的地方。这种亲近感与源起于硅谷而后又迅速蔓延到整个湾区的科技进步主义文化息息相关，这种氛围是孕育了无数激进又惊世骇俗的创新摇篮。科恩说，他已经好久没向别人描述过自己的研究了，而之前他这样做时，对方就像是听到了一段冷笑话，甚至有时干脆不等他说完就转身离开。

---

① 哈勒姆（Haarlem）位于荷兰西部，是荷兰最古老的小城之一。——编者注

② 温尼伯（Winnipeg）是加拿大曼尼托巴省（Manitoba）省会。——编者注

当谈起自己的工作时，科恩的态度很是认真。过去 30 年间，他一直致力于将人类意识从传统材料（肉体、血液、神经组织）中提取出来。这并不是在他开始攻读计算神经科学之后才产生的兴趣，而是从 13 岁开始就埋在心底的一段“痴情”，这种执念追求也塑造了他的人生。

不难想象，假若有朝一日，意识上传项目真的能够取得成功，人类便可以创建出数字版的不死之躯，这势必也会成为未来投机资本新的主战场。不过灿烂的“钱景”并非科恩的初衷，而且这也从来都不曾是他的目标。科恩告诉我，他对意识上传的浓厚兴趣是出于对人类创造力局限性的关注。在很早以前，他就意识到自己有很多想要做的事情，有无数想要体验的事物，但却几乎没有时间一一实现它们。

“我没办法像计算机那样去优化问题，”科恩边说边喝了一口啤酒，“我没办法花费 1 000 年的时间去解决某些问题，甚至无法到达邻近的恒星系，因为这项旅程花费的时间远长于我的寿命。人类身上有这样多的限制和约束，而这一切都要归咎于大脑的局限性。这让我清楚地意识到，人类的大脑需要强化。”

才十几岁时，小科恩就开始站在计算理论的角度思索人类大脑的诟病：人脑不像计算机那样既可读又可写。你没办法钻到谁的脑仁里去强化它，或是像修改代码那样让它运转得更快。你也没办法像提升一枚计算机处理器那样，去提速某一个神经元。

那段时期，科恩偶然接触到了科幻大师阿瑟·克拉克的小说《城市与群星》（*The City and the Stars*）。小说的时间线设置在距今 10 亿年的未来，书中一个名叫迪阿斯巴的城市被一台超智能中央计算机统治着。它给这座城市里的后人类时代的市民创造了新的躯体，并在人们的生命走到尽头时，将他们的心智和意识存储在记忆库之中，以此让人类得以轮回、永生。虽然这些情节听起来有些天方夜谭，但在科恩看来却并非痴人说梦。他不仅觉得把人类意识转化为数据是可行的，甚至认为没有什么可以阻止他去完成这一志愿。好在他的父母也很开明，不仅悉心鼓励着他这个特立独行的小志趣，甚至还经常会在饭桌上和科恩讨论将人类意识存储于硬件的前景。

新兴的计算神经科学除了引来一群生物学家的注意外，同样也获得了数学、物理学研究者的关注。关于如何映射、上传人脑意识的问题，计算神经科学领域似乎给出了最有前景的答案。不过直到 20 世纪 90 年代中期，随着科恩开始使用互联网，他才终于找到了一个松松散散的组织，找到了一群和自己志同道合的人。

在麦吉尔大学攻读计算神经科学博士学位时，科恩起初很忌讳去分享自己的研究梦想，生怕被人当成幻想癖或是偏执狂。

科恩说："虽然我并没有试图隐瞒自己的科研目标，但这也并不意味着我会走进实验室，然后和其他人说我想把人类意识上传到计算机上。我会和其他的研究员们在一些相关的课题上进行合作，比如记忆编码等任务，然后再去思索该如何把这些任务融进全脑仿真的整体路线图之中。"

科恩在硅谷的 Halcyon Molecular 公司工作了一段时间，这是一家获得了知名投资人彼得·泰尔赞助的研究基因测序和纳米技术的创业公司。后来他决定继续留在旧金山湾区，并在这里开创自己的非营利性研究机构，以此促进意识上传事业的长期发展。在他最初的构想中，"复写"将是各领域专家的聚集地。纳米技术、人工智能、脑成像、认知心理学、生物技术等对基底独立意识发展领域至关重要的研究人员们能够汇聚于此，交流切磋，分享自己的工作，并讨论其潜在的贡献。科恩在这里要扮演的是一个基层管理者的角色，而不是什么站在高处被人仰视的权威。

“那时候，我打了无数的电话，”科恩回忆道，“我身边没有博士后，也没有研究助理，有的只是合作伙伴，他们是一群会和我分享各种渠道的信息的人。”

科恩离开学术圈的根本原因是，他在开始研究时，就意识到了人生的短暂，能够实现梦想的时间少之又少。如果选择了在大学里搞科研这条路，势必会将自己的大多数时间（至少是获得较高职务之前）投入到那些和核心目标并不相关的杂事上去。而后来他选择的这条道路，对于一位科学家而言无疑会困难重重，他要靠一笔笔小额的私人投资来维系自己的生活和工作。不过，好在这里是硅谷，这里有激进的技术乐观主义情怀，这不仅是他持续努力的动力，而且也为他那极其贴合这一文化口味的项目吸引了资金支持。这里遍地都是有钱的富豪和影响力超群的名流，对于他们来说，将人类意识上传到计算机是一个亟待解决的未来问题，也是值得投钱来支持的颠覆式创新。

现年34岁的俄罗斯富豪德米特里·伊茨科夫（Dmitry Itskov）是科恩项目的伯乐之一。他同时还是非营利性组织“2045计划”（2045 Initiative）的创始人，该机构的目标是“研发出那些能够将人的性情转移到更先进的非生物载体之上，可以延续人类生命，甚至营造永生的技术”。伊茨科夫投资的诸多项目中，有一个项目的目标是创造“化身”，也就是打造能够通过脑机接口操控的人形体，这与意识上传项目完美互补。他出资赞助了科恩的“复写”，还在2014年，和科恩在美国纽约林肯中心主办了一场名为“全球未来2045”（Global Future 2045）的大会，希望进一步推动“关于人类全新演化策略的讨论”。

那段时间，科恩的另一位合作伙伴是科技投资家布莱恩·约翰逊（Bryan Johnson）。前些年，约翰逊曾以8亿美元的价格将自己的自动支付公司卖给了PayPal。早已赚得盆满钵满的他，现在又经营起了一家名为操作系统基金（OS

Fund）的风投机构。从它官网上提供的信息来看，该机构旨在“投资那些致力于重写生命操作系统，带来重大突破的企业家”。这个计划的措辞描述让我顿生一股怪异与不安之感，这是一种从旧金山湾区向外界不断蔓延出的对人类体验的态度——人们在思考生而为人的意义这个问题时，总是习惯性地用软件进行类比。在这家机构的网站上，约翰逊还写道：“计算机的内部核心是操作系统，它定义了计算机的工作方式，这也是所有应用程序建立的基础。生活中的一切都有着属于自己的操作系统，我们经常能够在操作系统的层级上获得到巨大的突破。”

这样的隐喻正中科恩全脑仿真项目的核心：他们将人类意识视作一段程序，也就是能够运行在肉体平台上的应用软件。在他使用“仿真”这个术语时，很显然是想借它唤起人们对操作系统仿真的记忆，比如，PC 操作系统能够在苹果 Mac 电脑上仿真使用，他把这称作“平台独立代码”。

可以想见，与全脑仿真项目有关的科学技术无比复杂，相关的解释也都含糊其词。但如果一定要简单地概括一下，我想这个项目的过程大致可以描述为：首先，通过某种或某些技术的组合（如纳米机器人、电子显微镜等），让扫描大脑信息变得可行，需要扫描的内容包括神经元、神经元之间无数的枝状连接、信息处理活动（人类意识正是它的副产品）等。而这些由扫描得到的信息，就成了重塑大脑神经网络的蓝图。接下来，蓝图又被转化为计算模型。最终，我们将所有这一切安置在第三方非肉体的基底上（它可能是某种超级计算机或是人形机器），从而让人类本体的生命体验得到复制和延伸。这一切似乎又与娜塔莎的“原始后人类”异曲同工。

我经常会想尽办法从各个角度去询问科恩，意识存在于人体之外会是一种怎样的体验。他会告诉我，基底独立性不同于任何一种体验，因为它意味着没有基底，也没有可依托的媒介。

这就是超人类主义者所谓的"形态自由"(Morphological Freedom)的概念，也就是采用技术所能够支持的任何形式的"身体"的自由。

20世纪90年代中期《负熵》杂志刊载的一篇文章中写道："你可以成为任何你想要变成的事物，可大可小；你可以比空气还轻盈，可以飞翔；你可以瞬移，也可以穿墙；你可以是狮子、是羚羊、是青蛙或是苍蝇，是树木、是池塘，甚至是天花板上的一片油漆涂层。"

这个想法让我真正感兴趣的地方并不是它看上去有多么天马行空、不切实际（虽然它的确如此），而是它的根基是那样经得起推敲，又那样普适。在与科恩交谈的时候，我总试图去衡量这个项目的可行性，并且搞清楚他所设想出的可能的理想结果。但我们总是会争论到不欢而散，我会挂断电话转身离开，走向离这里最近的地铁站。每每这时，我才恍然意识到，自己竟是这样深入地被他的整个项目影响与打动着。

说到底，从人类肉体之中脱离开来是人们既矛盾又明确的梦想。我有时会突然想起威廉·巴特勒·叶芝（William Butler Yeats）的那首《驶向拜占庭》（*Sailing to Byzantium*）的诗歌。当时，这位日渐衰老的爱尔兰诗人是那样急切地想要逃离自己孱弱的身体和那脆弱的心脏，想摆脱那"垂死的动物"，变成一只人造的、不朽的机械鸟。他写道：

> 一旦超脱了自然，
> 我就不再从
> 任何自然物体取得我的形体，
> 而只是希腊的金匠用金釉和锤打的金子所制成的样式。

显然，在叶芝的笔下，未来并不是古代世界的理想幻像。不过，无论是在我们的脑海里，还是在我们的想象中，这两者都未曾清晰地分开过。那些乌托邦式的未来，或多或少，都是对过去历史读物的借鉴与修正。当时叶芝幻想出来的是一个被注入了不朽灵魂的古老的自动化机械，是一只永远在鸣唱的机械鸟。他笔下书写的是对躯体衰退、老化的恐惧，以及对不朽的渴望。他渴望“智者”浴“神火”而出，将自己纳入永恒的美妙之中。那时，他展望着未来，一个几乎不可能的未来：在那里，他将不会死亡。我渐渐感觉到，他所梦想的不正是“奇点”吗？他所吟唱的是那些已经成为过去，或者正在逐渐发生，以及即将到来的事物。

2007 年 5 月，人类未来研究所举办了一场“意识上传”的研讨会，这场会议吸引了 13 位参会者，科恩也名列其中。后来，桑德伯格、尼克·波斯特洛姆（Nick Bostrom）根据会议内容，合作撰写了一篇题为《全脑仿真：路线图》（*Whole Brain Emulation: A Roadmap*）的技术报告。报告开头就指出，虽然意识上传成为现实仍然遥遥无期，但从理论上来说，它是可以通过现有技术的发展实现的。

在对“用软件仿真模拟意识”的批判声中，有一个很常见的看法是，我们对意识运作的原理并不够了解，因此想要复制它也便无从下手。不过，这篇报告驳斥了这类质疑，并指出，就像计算机一样，如果我们想要仿真整个系统，并不需要对它完全了解，只需要一个纳入了所有大脑相关信息的数据库，以及影响系统状态变化的动力学因素。换言之，我们所需要的并不是对这些信息的了解，而只是需要获得信息本身，即拿到人的原始数据。

这篇文章还写到，收集这些原始数据的一个主要前提是，“通过扫描大脑获取必要信息的能力”。这方面一个极具前景的发展是 3D 显微技术——能够提供极高分辨率的大脑三维扫描技术。

这次研讨会邀请到的另一位重要嘉宾是托德·霍夫曼（Todd Huffman），他是旧金山一家专门研究 3D 扫描技术的公司 3Scan 的首席执行官。霍夫曼也是科恩的合作伙伴之一，会定期向科恩介绍他们的业务进展，以及与整个意识上传项目的相关信息。

3Scan 公司初创资金的来源之一是彼得·泰尔。他本人虽未明确表示认同超人类主义运动，却以投资那些能够极大延长人类寿命的事业而出名。不过，3Scan 公司对意识上传市场没有明确的投资意向。究其原因，可能是因为这一市场现在仍然并不存在。这家公司将自己的技术用在细胞病变的诊断、分析工具等医疗设备的研究上，从而进行推广。不过，我在 3Scan 公司办公室与霍夫曼见面的时候，他并不否认自己的工作或多或少也受到了将人类个体思想转化为可计算代码这一观念的驱动 。他说，自己并不是站在一旁看着热闹，然后饶有兴致地等待着某种历史决定论的神秘牵引力而使奇点降临。

“人们常说，”霍夫曼说道，“预测未来最好的方法就是创造它。”

霍夫曼是一个彻头彻尾的超人类主义者，在对自己的理想投入上从不吝啬钞票。他还是阿尔科生命延续基金会的会员，他在左手无名指指尖上植入了一个小设备，指尖的轻微振动就能让他感觉到磁场的存在。而从视觉观感上来讲，他就像是两三种形象迥异的人被分割后拼接而成的产物：蓬松质朴的胡须、粉红色的头发、勃肯拖鞋以及涂成黑色的脚趾甲。

霍夫曼说，身边的工作人员都知道他对全脑仿真早有兴趣，不过这并非公司平日经营的业务。在霍夫曼看来，这种能对全脑仿真扫描有所助益的技术，在现阶段有着一些更为直接的应用，比如对癌症进行病理分析等。

霍夫曼说：“在我看来，并不是意识上传驱动了业界的兴趣，而是业界推动了意识上传的发展。很多行业乍看起来与意识上传并无关联，可实际上，由它们所推动的技术发展却得以应用于意识上传领域。比如半导体行业，它们的技术被广泛应用于精密铣削和测量，以及电子显微镜的制造。后者实际上对神经元的高精度 3D 重建是非常有用的。”

这就是硅谷的“登月精神”，虽然在讨论对意识上传的兴趣时，霍夫曼并不会感到不自在，但他也不会把它搬到自己的商务会议之中。他说，站在很高的科学层面上真正思考着这一问题的只有那么一小群人，而选择亲身投入这项事业之中的人更是少之又少。

“我认识一些从事意识上传的研究者，”霍夫曼说：“不过他们大多是偷偷摸摸地在暗地里前行的。因为他们害怕遭到科学界的排斥，也担心会因此丢掉资助、职位或是晋升的机会。我就少了很多烦恼，因为我为自己工作，没人会把我从这幢建筑里扫地出门。”

霍夫曼带我参观了实验室，在这些令人眼花缭乱的光学仪器、数字化设备间穿行时，他不时会把指节掰出声响。那些在玻璃容器中保存的啮齿动物的脑切片，看起来就像是一些奢华的生牛肉卡帕奇欧。这些切片已经经过 3D 显微镜数字成像，并录入详细的数据库中，这些数据包括轴突、树突和突触的神经元位置、尺寸和布局。

端详这些大脑切片时，我瞬间意识到，即使这种扫描技术在不断精进，有朝一日能够完成全脑仿真的任务，但那时如果想要仿真某个动物的大脑，我们仍然不可避免地会要将它置于“死地”，至少是杀死原先那个鲜活的版本。这是全脑仿真支持者公认的问题，而纳米技术可能会解决这个问题——它让人们能够极其精密地完成对单个分子、原子的操作。

“我们可以想象，”伦敦帝国理工学院认知机器人学教授默里·萨纳汉（Murray Shanahan）写道，“创造一批能够在大脑血管中自由游动的纳米机器人，然后让这些小家伙像帽贝一样黏附在神经元膜上，或是停在靠近突触的地方。”霍夫曼也曾饶有兴致地介绍了一种名叫“神经尘埃”（Neural Dust）的东西，这是加州大学伯克利分校正在研发的一种技术，它能够将超小无线探测器应用于神经元之中，在不造成任何损害的情况下从中提取数据。“这会像服用阿司匹林一样简单。”他说。

我开始觉得，这些脑切片就像是在阐述着人、自然、技术之间奇怪的三角关系。动物中枢神经系统的一小部分被挤压放在载玻片上，方便显微镜读取其中的数据。这样做，对大脑，包括动物脑，有何意义？让意识变得可读，把自然界难以理解的神秘编码转译给机器又有何意义？把信息从这样的基底中提取出来，然后转移到其他媒介上有何意义？脱离了原始的本体，这些信息又有何意义？

我对这种描述突然感觉极度陌生，这就好比说，我们本身仅仅是一些信息，承载于一些并不属于自身的基底之上。我们的躯体仅仅是承载智慧的媒介，它们和那些被封装在载玻片上的脑切片一样，仅仅只是个外壳而已。关于人类存在的一种极端实证主义的观点坚持认为，我们即智能，而智能，则是对技能、知识的应用，是对信息的收集、提取以及归档。

库兹韦尔写道：“人类神经元大部分的复杂性，在于维护支持生命的功能，而不是处理信息的能力。最终，我们能够将自己的心理过程移植到更合适的计算基底之上。那时候我们的意识就不再需要像现在这样渺小了。”

我意识到，无论是“全脑仿真”的概念，还是作为运动、意识形态或是一种理论的超人类主义，它们的根基都是一种人类智慧被困在错误容器之中的观点，仿佛我们受到了物质世界的制约。这种找到“更适合我们的计算基底”的论调，只有在你从一开始就认为自己是一台计算机的前提下才真的说得通。

全脑仿真出的产物，还是“我”吗

在精神哲学中，有这样一种观念，认为大脑本质上是一个类似于计算机的信息处理系统，被称为计算主义（Computationalism），这种观念甚至早于数字时代就出现了。在 1655 年出版的著作《论物体》（*De Corpore*）中，托马斯·霍布斯（Thomas Hobbes）写道：“通过推理，我理解了计算。计算，就是获知同时把很多东西加在一起的总和；或是了解拿走了一样东西后，剩余东西的数量。因此，推理和加减其实如出一辙。”

在“思维即机器”和“打造思维机器”这两个想法之间，似乎总有着一种反馈循环。“我相信到 20 世纪末，”1950 年阿兰·图灵写道，“人们在谈及机器思维的时候，不会再遭到反驳与诋毁。”

随着机器的复杂程度变得越来越高，以及人工智能在计算机科学家的圈子里变得越来越受欢迎，通过计算机算法来模拟人脑的思维功能这一想法，吸引了越来越多人的关注。2013 年，欧盟拿出了超过 10 亿欧元的公共资金投资“人脑项目”（Human Brain Project）。该项目的科研机构总部位于瑞士，由神经科学家亨利·马克拉姆（Henry Markram）负责。他们的目标是在 10 年之内打造出能成功运作的人脑模型，并在超级计算机上使用人工神经网络对其进行仿真。

离开旧金山后，我又马不停蹄地前往瑞士，参加了一个名为“脑论坛”（Brain Forum）的活动。这场奢侈华丽的神经科学技术论坛的主办方是“人脑项目”研究总部——洛桑联邦理工大学。在这里，我遇到了米格尔·尼科莱利斯（Miguel Nicolelis）[①]。这位来自杜克大学的巴西教授，是全球最重磅的神经

---

① 米格尔·尼科莱利斯是著名科学家、脑机接口领域的开创者，其经典著作《脑机穿越》讲述了“人机融合”的未来，即“脑机接口时代”即将到来！在未来科技的驱动下，科幻大片的场景已逐渐走入现实。此书已由湛庐文化策划，浙江人民出版社出版。——编者注

科学家之一，也是脑机交互技术先驱，该技术旨在用人类的神经元活动来控制机械义肢。在之前的交流探讨中，科恩经常会提及这项技术。

尼科莱利斯蓄着一脸络腮胡，给人一种老顽童的感觉。他虽然穿着正装，但脚上却踩着一双耐克运动鞋，不过这似乎并不是刻意为之的装束，而是一种希望保持身体舒适的老习惯。在洛桑联邦理工大学的研讨会上，尼科莱利斯向大家介绍了他的团队研发出的机器外骨骼，正是在这项技术的帮助下，瘫痪的巴西少年才能够在 2014 年世界杯开幕式上站立起来行走，并开球。

尼科莱利斯的研究成果被超人类主义者们频繁引用，因此我也很想知道，他对意识上传的前景有什么样的看法。可事实证明，他本人对这一方向并没有多大兴趣。在他看来，在任何一种计算平台上进行“全脑仿真”的概念，从根本上都与大脑活动的动态性，也就是意识，相去甚远 。也正是出于同样的原因，他认为这个人脑项目本身并不健全。

“意识可远远不仅是信息，”尼科莱利斯说，“它也不只有数据。这就是为什么你无法用计算机来寻找大脑的运行机制，去尝试了解大脑究竟是如何运作的。大脑本就不是可计算的，所以也没办法被仿真。”

大脑处理信息的过程就像很多其他自然现象一样；但对尼科莱利斯来说，这并不意味着，这些处理过程能够通过算法在计算机上运行。

人体的中枢神经系统和笔记本电脑的共同点甚少，相比之下，它倒更像是自然界中的复杂系统，比如鱼群、飞鸟群，甚至是股市。在这些系统中，元素交互、聚合形成一个单一的个体，而它的动向是难以预测的。在与数学家罗纳德·西库雷尔（Ronald Cicurel）合著的《相对性大脑》（*The Relativistic Brain*）一书中，尼科莱利斯介绍了大脑凭借我们的真实经历，在机体和功能上不断重新组织自己的过程：“由大脑处理的信息，会被用来重构大脑的结构和功能，信息和大脑实体之间存在着一个永恒的递归整合……自适应复杂系统所带有的种种重要特点，也让我们难以对它的动态行为进行预测和仿真。”

尼科莱利斯对大脑可计算性的怀疑态度，使他成为这场论坛上的异类。虽然人们并没有去谈及“意识上传”这样遥远而抽象的概念，但几乎我听到的每一句话，都在重申着“大脑可以转化为数据”这点共识。从这场会议的内容来看，现在的科学家似乎仍然对大脑运作的机制全然无知，不过他们却又都认同，若想找到了解大脑奥秘的突破口，对脑部进行扫描并且构建庞大的动态模型毫无疑问是必要的。

第二天，我遇到了美国人埃德·博伊登（Ed Boyden），他是一位神经网络工程师。博伊登看上去30来岁的样子，蓄着胡子，戴着眼镜。他是麻省理工学院媒体实验室合成神经生物学研究组的组长。他的研究涉及打造能够绘制、控制、观察大脑的工具，希望以此来了解大脑的运转机制。近年来，他在光遗传学领域获得了极高的声望——这是一种神经调节技术，能够通过定向光子开启、闭合动物活体大脑中的单个神经元。

在和科恩的讨论里，他也经常会提到博伊登的大名。科恩的提及总结起来有两个重点：一是，博伊登是全脑仿真理念的拥趸；二是，博伊登的研究与这个项目紧密相关，并曾经在纽约“全球未来2045”大会上登台演讲。

博伊登告诉我，他相信我们最终会找到大脑神经的替代物。如果你从忒修斯之船（Ship of Theseus）的视角来看，这句话基本上可以理解为相信全脑仿真是可能的。

“我们的目标是‘破解’大脑。”博伊登说。这里他所指的是，神经科学的终极目标是去了解大脑如何能够实现它的功能，以及去研究充斥大脑中的数十亿个神经元和它们之间的数万亿条连接，是如何组织、排列，以产生特定的意识现象的。这里用到的“求解”这个词所带有的浓重的数学意味，让我颇感惊讶，它听起来就好像是，有一天我们的大脑也能够像方程式是填字游戏一样找到答案。

“为了求解大脑，”博伊登说，“你首先需要能够在计算机中对它进行仿真。我们希望借助连接组学（Connectomics）[①]研究绘制大脑的方法。但是，我觉得仅仅只有连接还不够。想要了解大脑如何处理信息，我们还需要研究大脑中所有的分子。我认为，在现在来看，一个合理的目标应该是仿真较小的生物体。不过想要完成这一目标，我们还是需要找到绘制3D物体的方法，这就好比是绘制出纳米级精度的大脑一样。”

那时候，博伊登麻省理工学院的研究团队刚刚开发出了一款令人瞠目的工具。这款名为“显微扩张技术”（Expansion Microscopy）的设备，可使用某种在婴儿纸尿裤中常见的聚合物，对脑组织样本进行物理膨胀。这种聚合物能够在保持原有比例与连接的前提下，放大这些组织，从而大幅度提高细节绘制的水平。

正当我们俩聊得兴起时，博伊登拿出笔记本电脑，向我展示了一些使用这项技术绘制出的脑组织样本的三维图像。

“所以，这一技术的最终目标是什么？”我问他。

“我觉得，理想情况是我们可以定位并辨别出脑回路中所有关键的蛋白质和分子，然后进行仿真，以对大脑的运行进行建模。”

“‘仿真’指的究竟是什么？是指能够运行的、有意识的大脑吗？”

---

① 连接组学指通过分析神经元之间的连接和组织方式来分析大脑的运作机制的一门学科。——编者注

博伊登思索片刻，然后向我承认，他自己并不能真正理解“意识”的含义，至少他的理解还不足以回答我的问题。

“‘意识’这个词的问题在于，”博伊登说，“我们无法判断它是否真实存在。这并不像是做什么测试题，假若你能得上 10 分或者更高分，那就是有‘意识’的。因此，我们很难判断这些仿真是否真的具备意识。”

这时候，我们所在的宴会厅已是空空如也。博伊登指着桌上的笔记本电脑说，为了了解它，你需要知道该去如何布线，但只是明白这些静态的布线逻辑并不够，你还需要了解动态的情况。

“地球上有大约 5 亿台笔记本电脑，”博伊登说，“它们都有着相同的静态布线逻辑，但此时此刻，它们所执行的任务却大不相同。因此你需要了解动态行为，而不仅仅是布线和微芯片的排布方式。”

博伊登点了几下触控板，屏幕上出现了一个闪着彩色光点的肉虫图像。这种虫名叫“秀丽隐杆线虫”（Nematode Caenorhabditis Elegans），是一种身长约一毫米左右的透明的线虫。由于神经元数量较少——只有约 302 个，它顺理成章地成了神经科学家们的宠儿。这种虫子是史上首个经过基因测序的多细胞生物，也是迄今为止人类唯一完成的连接组全映射案例。

“这是对整个有机体中的全部神经活动进行成像的首次尝试，”博伊登介绍道，“这一过程速度非常快，能够捕捉到所有神经元的激活过程。如果我们能够捕捉到大脑中的所有连接和分子，并能够对它们的变化进行实时监控，那么我们就可以真正看到这些被仿真的动态行为，是否与经验观测值一致。”

“你说的是什么意思？难道我们能把这些虫子的神经活动转化为代码，或者某种可计算形式？”

“没错，”博伊登答道，“但愿如此。”

我觉得他似乎是在有意回避我，并不想直接告诉我他相信全脑仿真会在某个时刻成为现实。但很显然，他认为这一技术的理论基础是牢固的，这与尼科莱利斯的想法并不一致。从与博伊登的对话中，我渐渐明白，在他看来，无论全脑仿真最终走向何方，无论这是不是他本人的终极目标，在实现全脑仿真的必由之路上，他在麻省理工学院所做的研究都一定是重要的基石。

当然，现在距离科恩想要达到的愿景，距离将我们的大脑投射在笔记本电脑屏幕上，以让它们那数千亿个神经元带着纯净的意识之光闪闪发亮的那一天，还有很长一段路要走。但至少这是一个积极的例证，它认同了全脑仿真的可能性。也就是说，科恩想要做的事情，并不完全是痴人说梦般的疯话，至少，它仍然处于可能实现的范畴之内。

在我和科恩的第一次交谈中，我的问题主要集中在全脑仿真的技术层面，比如可能的实现途径，以及项目的整体可行性。这对我来说很有用，因为这些问题的答案至少会让我明白，科恩知道自己在讲什么，他并不是个疯子。不过，仅此而已，我对他的研究仍然没有什么深入的理解。

一天傍晚，我和科恩刚好坐在福尔松街一家名叫洗脑（Brainwash）的咖啡店外，这是一家集很多功能于一体的商铺，它既是酒吧，也是自助洗衣房、单人喜剧脱口秀表演的场所。我向他坦白道，将意识上传到其他技术基底的想法，对我来说没有什么吸引力，它甚至让我心生恐慌。

说真的，即使是现在，科技对生活的影响仍然让我备感矛盾。在科技为我们带来了便利以及“连通性”的同时，我也越来越感觉到自己在这个世界上的行为已经遭到了一些公司的摆布和限制。这些公司唯一的兴趣是把人类的生活转为数据，并进一步从这些数据中获利。我们消费的东西、浪漫邂逅的人以及阅读到的那些有关外部世界的新闻，所有这一切的行为活动，都越来越受到那些我们无法看到的算法的影响，这些算法都是那些公司研发和使用的。有时候，这些公司还会和政府搅到一起，隐秘地操控着我们这个时代的走向。我们现居的这个世界，自我自治的自由理想是那样虚无缥缈，它就好像是深陷历史阴霾之中的一个已经略显斑驳的梦境。有朝一日，我们会不会与技术彻底融合，因此彻底失去宝贵的个性？

科恩点了点头，啜了一口啤酒，说道："听你这么说，我估计，想让人们都接受这个概念，可能会有不小的障碍。可对我来说，我并不会感到那么不适和反感。不过，这可能是因为我入行久了，对这些理念已经习以为常了吧。"

这一概念所牵扯出的最棘手，也最为根本的一个哲学问题是：全脑仿真出的产物，还是"我"吗？

如果真的到了那一天，我的神经通路里那些难以估量的复杂网络和复杂过程，以某种方式映射、仿真并运行在了某一个平台上，逃离了我头骨里那1.5千克重的凝胶状神经组织，那么，这个复制版本真的是"我"吗？即使意识上传复制品真的具备意识，而且它的行为和我本人也并无二致，但它真的是"我"吗？即便它认为它即"我"，这真的就足够了吗？我是否能相信现在的"我"就是我自己？这一切有什么意义呢？

我有一种非常强烈的感觉，这或许是皮下信号的本能爆发。我觉得，"我"和我的身体并没有区别，这个"我"永远不可能独立于它目前的这个基底而存在。我之所以能够运转，是因为我就是这基底，而这基底就是我。

实际上，全脑仿真的想法是把思维意识从物质和物理世界中解放出来。这在我看来，就好像是科学以及人们对科学进步的信仰正取代宗教，变成深埋于文化之中的欲望和错觉。

在对未来技术的讨论中，我仿佛听到了古时的思想在耳畔萦绕。我们在讨论灵魂的轮回、不朽与反复。没有什么是新生的，也没有什么真的会故去。它们不断凭借新的形体、语言、基底得到重生。

我们在谈论不朽：在那逐渐衰败的人体结构中，提炼出“人之为人”的本质。这种人性与永生的交易，甚至能够追溯到美索不达米亚文明中的吉尔伽美什史诗。正如政治哲学家约翰·格雷（John Gray）所说的那样：“如今的诺斯替异教信奉人类自己就是机器。”

人是在身体这种硬件之上运行的软件，这种对人类的技术二元论解释，脱胎于人类自古以来的一种倾向：用最先进的机械来比拟并解释我们自身。在一篇标题为《大脑隐喻及大脑理论》（*Brain Metaphor and Brain Theory*）的论文中，计算机科学家约翰·道格曼（John G. Daugman）概述了这一理念的历史。就好似古时候的水利技术（水泵、喷泉、水钟）带来了希腊、罗马语中的精气和体液；在文艺复兴时期，人类生命被比喻成了发条；工业革命过后，蒸汽机和加压的能量被弗洛伊德用来描绘人类一些无意识的概念；如今又有了把人类的大脑比作存储和处理数据的设备这样的观点，就好像它是在中枢神经系统的湿件上运行的神经编码。

就从这点来看，如果我们人类还能算得上是什么的话，那应该是信息吧。而信息又变成了一种无形的抽象，因此用来传递这些信息的材料，就没有那些可以不断移动、复制、保存的内容那样重要了。“当信息脱离了身体，”文学评论家凯瑟琳·海尔斯（N. Katherine Hayles）写道，“那么此时把人和计算机等同起来也就变得非常容易，因为思维大脑所赖以容身的实体，与它的本质似乎并无关联。”

全脑仿真理论的核心存在着一个奇怪的悖论：它出于绝对的唯物主义，

认为意识是实体之间相互作用所产生的特质。然而它所体现的却是另一种信念，即意识和物质是分离的，或至少是可以分而治之的。也就是说，它实则是一种新的二元论。

和科恩相处得越久，我就越想急切地搞清楚，他脑海中的终极目标究竟是什么样的。被上传的“自我”究竟会产生怎样的体验？在他眼里，变成一种数字魂魄，变成一种不受任何物质影响的意识又是一种什么样的感受。

每次问到类似的问题时，科恩给我的答案都是摇摆不定的，但他似乎并不觉得没有明晰的图景也是个问题。他告诉我，这取决于基底，取决于意识所寄居的材料。有时候他会告诉我，一定会存在某种物质基底，某些其他版本的血肉之躯。可有时，他又觉得“虚拟化的我们”不需要依托于任何实体，便可以生存于那个虚拟的世界之中。

“我常想，”科恩说，“这可能就像是一个擅长玩皮划艇的人的体验吧。他们可能会觉得这艘船就是他们下半身的自然延伸。因此，把思维意识系统上传，似乎并不会带来什么不适感，因为我们早已习惯了物质世界中的假肢、义体，很多事物都可以被我们视作身体的延伸。”

科恩说到这里的时候，我发现自己手里正握着手机，这一隐喻让我默默把它放在了桌上。我和科恩相视一笑。

在讨论中，我提起了对他项目中一些潜在后果的担忧。我说，把现在的生活转化成代码，变成可以转让、销售的个人信息库，这就已经让我感到非常不自在了。每一次与科技产品的接触，某些系统都可以绘制出我们更为细致的新画像。对于这些技术的主人来说，只有这种版本的我们才对他们有意义。倘若我们纯粹是以信息的形式存在的，那么情况难道不会变得更糟糕吗？意识本身是否会变成一种认知诱饵？即便是现在，我已经能想象到原生广告的可怕影响了，比如我打算再买上一瓶内华达啤酒，可是这是种消费冲动，因为我根本没有购买欲望，只是因为一些巧妙的代码已经悄无声息地钻进了我的意识，在那里直接开始了它的推广营销。

如果永生所需要的全脑仿真、意识上传等技术的价格昂贵，只有那些大富豪才买得起无广告的奢华模式，那么我们这群失败的穷鬼们，是不是就只能靠定期让自己屈服于一些别人强加的想法、情绪以及欲望，才能求得苟活的一点儿补贴？即便这些提供补贴的商业资源可能是一些地狱般邪恶的赞助商。

科恩也认为这种情况并不可取。不过在他看来，这些事情与他的项目并没有直接的关联，因为他要做的是去解决人类永生的基本问题，而不是想办法去应对那些意想不到的可怕后果。

“另外，”科恩说，“这种坏影响并不只是软件独有的。生物大脑也存在类似的问题，比如，通过广告手段，或是通过化学药品，都可以影响你的生物大脑。你想买另一瓶啤酒的冲动，和你刚刚喝掉的那些酒精并非没有任何关系。你的欲望并不是完全独立于外界影响而存在的。”

我端起酒杯，喝了一大口，然后放弃了刚才那个再来一杯的想法。一股腥臭味慢慢包裹起了这个温暖的夜晚，就像是海湾飘来的潮雾。就连空气似乎也陷入了某种疯狂的偏执与狂躁之中。距离我们坐的地方仅有几米远的福尔松和兰顿街的交叉口，一个年轻的流浪汉蜷缩在路灯下。我们说话的时候，他一直低声地絮絮叨叨，而在我放下手中的啤酒，开始回味科恩所讲的话时，那个年轻人则忽然发出了一连串歇斯底里的怪笑。我突然想到了尼采《快乐的科学》（*The Gay Science*）那本书中，对人类在其他动物眼中是多么怪异且不自然的描述：“恐怕动物会把人当成同类，当成危险、怪异且失去了动物本性的同类，当成癫狂的动物，会笑、会哭又会不快乐的动物。”

也许人类成为疯狂动物的原因，正是因为我们无法接受自己是动物，无法接受我们会像动物一样死亡的事实。但为什么我们要接受呢？毕竟这是难以承受的事实，是不可接受的现实。你可能会想，我们会有所超越；可能现在你还会觉得，这要比屈服于自然强加于我们的那道愚蠢的最后通牒要好得多。我们的存在，以及随之而来的神经官能症，似乎就是由一个看似无法解决的矛盾定义的：我们超脱于自然之外，就像那些低级神祇一样；可是却又无奈地深陷其中，永远要被它那盲目、无情的权威限制和禁锢。

我感觉，自己似乎瞥见了藏在这个世界之下的荒谬，瞥见了那些藏在理性、科学、人类进步之下的荒谬。一切似乎突然间令人眩晕地呈现了一种离奇、荒诞的感觉：科学家在谈论着该如何把世间的男人和女人从囚禁着他们的肉体中解脱出来；旧金山一条小路的人行道上，一个精神失常的流浪汉在不断地向虚空低吟着自己的疯狂和苦难；而我则在骗自己，就好像真的看清了事情的核心，然后快速做起了笔记，记录下了这些有关废话、草腥味以及尼采疯狂动物论的灵感。

魅力与美好都只能来源于血肉组成的躯体

在离开旧金山返回家中之后的几周乃至几个月的时间里，“全脑仿真”的概念在我脑海中挥之不去。工作间歇，我会走到附近的咖啡馆，当车从身边飞快地开过时，我就会突然想象，它高速冲向便道，径直撞向我。想象着这种可怕的冲击将给我的身体带来的影响时，我会不自觉地回想起科恩和他的意识基底分离项目。每当感觉到身体疲倦或是不堪一击的时候，我，也可以说我的意识或者我的大脑就会回想起科恩，回想起在洛桑联邦理工大学从博伊登的笔记本电脑上看到的秀丽隐杆线虫的神经元，或者是在 3Scan 公司实验室看到的小鼠脑切片。

距旧金山之行结束几个月后的一天早晨，我在都柏林的家里被头痛和宿醉闹得苦不堪言。我想起前一晚的酒其实喝得很克制，本不该出现这样的情况。

当我躺在床上，慵懒地做着与床垫分离的心理斗争时，听到隔壁妻子和儿子正开心地玩着骑大马的游戏。我意识到这些头痛、宿醉的症状，似乎让我和身体之间变得有些疏远。每当身体不适，我都会觉得自己是一种由血、肉和软骨组成的难以恢复的生物体。这时候的我就像是一个脆弱的有机体：鼻腔堵塞、喉咙中细菌肆虐，头骨深处——“头盾”的位置隐隐作痛。总之，我感觉到了我的基底，因为它简直如同废柴。

好奇心突然袭来，我想知道自己现在的基底究竟是由什么组成的。于是我伸手从床头柜拿起手机，然后在搜索栏里输入了几个词：“人类是什么……”排名前三位的搜索自动补足建议是：“《人体蜈蚣》(*The Human Centipede*)讲的是什么”“人体是由什么构成的”“什么是人类境况”。此时此刻，我想问的是第二个问题，当然或许对第三个也有点儿兴趣。原来，我身体中65%是氧，也就是说里面主要是空气；排在后面的是碳、氢、钙、硫、氯等那些罗列在元素周期表上的化学物质。让我颇感意外的是，我的身体和搜索这些信息时我用的苹果手机也有点共性——含有微量的铜、铁、硅元素。

我意识到，人是多么了不起的杰作，是尘埃汇聚成的精华。

几分钟后，妻子四肢着地，驮着儿子爬进了卧室，小家伙用手紧紧地抓住母亲的衣领。向前爬的时候，妻子故意发出了一些马蹄的声响，宝宝咯咯大笑起来，高喊着：“驾，驾，小马儿快跑。”

随着一阵“马儿”的嘶鸣声，妻子拱起背，让儿子轻轻滑落到墙边的一排鞋子上。他显然还不满足，兴奋地大叫，闹着要再爬回去。

我想，这一切没有任何一小部分能够转化成代码，也没有哪一部分能够运行在其他任何模式的基底上。那最深刻、最悲伤与最美妙的感觉，那魅力与美好都只能来源于血肉组成的躯体。

我发现自己从来没有像现在这样，深爱着我身为哺乳动物的妻子和儿子。我拖着病体——自己动物性的身体，从床上爬起来，加入了他们的嬉戏。

04

奇点临近，生命 1.0 版本正在向超级智能进化

我们将最终摆脱人类目前的这种衰败境况，不再受血肉之躯的制约；
我们将达到人类堕落之前的完美状态。

对“技术奇点”这个词，我并没有找到一个普适的定义。它就像是硅谷地平线上的一道光芒，像是一种预言，诉说着科技的命运。它带来了诸多启示与讨论，可一时间，我却又很难找到一个能够概括它的概念。总体而言，它指的是未来将会到来的一个时间节点：那时机器智能将显著超越它的人类发明者，且生物形式的生命也将被归入技术。“技术奇点”本身是一种技术进步主义的极端表现，它相信，技术的应用能够解决世界上最棘手的问题。

这种想法已经以某种形式存在了至少半个世纪。1958年，斯坦尼斯瓦夫·乌兰（Stanislaw Ulam）为曾共同参与曼哈顿计划的同事、物理学家约翰·冯·诺依曼撰写了讣告，其中记录了两人曾经的一段对话：“不断加速的科技进步以及人类生活方式的转变，会促成奇点的雏形。自奇点之后，与人类相关的事物不会再在历史长河中继续下去。”

不过人们通常认为，“技术奇点”概念的首个实质性陈述出自数学家、科幻作家弗诺·文奇（Vernor Vinge）。在1993年提交至美国国家航空航天局某次会议的论文《即将到来的技术奇点》（*The Coming Technological Singularity*）中，文奇表示：“用不了30年的时间，我们的技术水平就足够打造出超越人类的智能，而人类时代也将随之结束。”虽然文奇对这一伟大的超越时刻会带来的后果描述得不甚清晰——它可能意味着我们面临的所有问题都将结束，但也可能意味着人类种族将被终结，但肯定了它的到来毋庸置疑。

与很多技术千禧派的思维风格一样，文奇的预言带有一种怪异的历史决定论特点：没有人能够阻止奇点，因为它的到来，是人类好竞争的本性以及科技固有趋势不可避免的产物。“但是，”他写道，“我们才是发起人。”

最接近于人们共识的“奇点”的概念则出自雷·库兹韦尔的畅销作品《奇点临近》。库兹韦尔本人设计发明了很多精巧的设备，包括平板扫描仪、盲人阅读机等，他还与歌手史提夫·汪达（Stevie Wonder）合作创办了库兹韦尔音乐系统（Kurzweil Music Systems），这家公司的合成器在业界颇有口碑，曾经为斯科特·沃克（Scott Walker）、新秩序乐团（New Order）、“怪人奥尔”扬科维奇（“Weird Al” Yankovic）等明星乐手的演出提供过服务。

不过身为作家，库兹韦尔则备受争议，他是个穿着商务休闲装的神秘企业家，他那神秘的预测直捣技术乌托邦的最深处。不过在科技世界中，他从不是边缘人物，更像是硅谷精神的守护神。2012 年，谷歌聘请他担任工程总监，于是他成了负责这家科技巨头机器学习业务的思想领袖。这进一步奠定了他在硅谷的传奇地位。

库兹韦尔笔下的“奇点”是因技术发展而产生的疯狂又炫目的未来愿景，是狂热又详尽的目的论。“我们该如何看待奇点？这就像我们很难直视太阳一样，我们最好眯起双眼，用眼角斜视它。”库兹韦尔在《奇点临近》一书开头这样发问道。不过他还是刻意增添了一些细节，比如将奇点到来的日期划在了 2045 年左右。库兹韦尔每天会服用大量的膳食补充剂和维生素片，他也顺势推销了自己开发的对抗死亡的药剂、胶囊品牌。他对自己的身体很有信心，认为活过 97 岁不成问题。

库兹韦尔是科技预言家，而他常用的“占卜工具”是“加速回报定律”。

该定律指出，技术进步就像金融投资的复利一样，会呈指数级增长。我们今日的技术是明日科技的基石，因此随着技术发展得越来越复杂，明日科技提升的速度也就越来越快。这种现象最出名的例子是，英特尔公司联合创始人戈登·摩尔（Gordon Moore）在20世纪50年代首次提出的“摩尔定律”，即一个微芯片上可以安装的晶体管数量，大概每18个月就会翻一番。在库兹韦尔看来，达尔文的进化指的是一个指数级增长的过程，它明确地向着理想的目标迈进。进化并不是盲目混乱的摸索，也不是在随机产生恐惧与奇迹，它是一个系统，“是创造秩序不断提高的过程”。换言之，进化是向着机器的完美秩序和规范不断迈进的过程。这种模式的演化是一个合乎逻辑的进程，它“其中的每个阶段、每个纪元，都会借助前一时代的信息处理方法，来创造后续的新纪元”。在库兹韦尔看来，正是这种模式的演化“构成了我们这个世界的终极故事”。

在库兹韦尔绘制的未来图景中，科技会变得更小巧，都更强大，它不断加速发展，终有一天，会成为我们这一物种进化的主要媒介。他认为，那时我们不再需要携带计算机，因为它们会被植入我们的身体，进入大脑和血液，从而改变人类的本质。在不远的将来（很可能是在库兹韦尔的有生之年），这不仅是可能的，也是有必要的，因为即便是最强大的人类大脑，它的计算能力也仍然差强人意。

机器智能正在超越人类智能

如果你认同用这种机械视角来审视人类，如果你认同人工智能先驱马文·明斯基（Marvin Minsky）①所说的“大脑是血肉做成的机器”，那么对你来

① 马文·明斯基是“人工智能之父”和框架理论的创立者，其代表作著作《情感机器》论证了：情感、直觉和情绪并不是与众不同的东西，而只是一种人类特有的思维方式，如果机器具备了情感，是不是就可以取代人类。此书已由湛庐文化策划，浙江人民出版社出版。——编者注

说，库兹韦尔的那个未来图景可能会有一定的吸引力。为什么我们或者我们的“肉机”不去选择迭代以获得更好的功能？假若我们认为机器是为了实现一些特定任务而构建的，那么我们自身作为机器的任务，当然是以尽可能高的水平来进行思考和计算。从这种人类工具主义观点来看，作为某种机器，人类的部分责任（甚至是我们存在的全部意义）是去增强计算能力，并确保能像机器一样尽可能长久而高效地运行。

库兹韦尔这样写道：“我们 1.0 版本的生物身体是脆弱的，它太容易出故障了，而且维护过程也异常繁重。”有时候，少数人类的智能会突然出现异常的优化，比如创造力、表现力飙升，但大多数人类的思维意识却仍然是平庸、无力而有限的。我们相信，一旦奇点到来，这种情况将不复存在：我们不再是无助又原始的生物，思想和行动也不会再受到身体这部肉机的限制。库兹韦尔写道：“奇点将帮助我们突破生物性身体和大脑的制约。我们将赢得掌控命运的权利，死亡将会掌握在人类自己的手中，我们想要活多久就能活多久（注意，这与‘我们能够永远活着’的说法还是有微妙差别的）。到那时，我们将会充分地理解人类的思维机制，并将其所能触及的边界扩大延展。到了 21 世纪末，非生物版的人类智能将比现有人类的智能强大数万亿倍。”

换言之，我们将最终摆脱人类目前的这种衰败境况，不再受血肉之躯的制约。库兹韦尔写道：“奇点代表着我们生物性的思想和生命与技术融合之后所能达到的顶峰状态，那时的世界还会是人类世界，只不过超越了它原本的生物根基。在后奇点时代里，人类与机器、物理现实与虚拟现实之间将不再有任何差异。”对于那些声称这种融合将抹杀人性的指责，库兹韦尔反驳道，奇点实际上是人类发展的最终成果。人之所以为人，是因为我们始终追求着对自我的超越；而奇点的到来，正满足了我们对超越身体和心理限制的渴望。

在《上帝之城》(*The City of God*)一书中，圣·奥古斯丁(Saint Augustine)提到了一种“全知识”状态，它超越了我们现在能够想象到的任何事物，是上帝对赐福之人的恩典。“想象一下，这知识是多么伟大，多么美好，”他写道，“多么确定，多么可靠，又多么容易获得。再想象一下，我们会拥有怎样一种新的躯体，它是精神之身，是灵魂栖居之体，我们不再需要任何食物。”

在库兹韦尔的文字中，智能扮演了至高无上的角色。虽然他给这个词赋予了一种神秘的色彩，不过这一定义实际上简单明了：在他看来，智能等同于计算，是一种为了承载创造所需要的原始信息材料而诞生的算法机器。这种机器智能将是那个将一切从愚蠢中拯救出来的“人”。

库兹韦尔采用了一种以目标为导向的宇宙学方法，给宇宙加上了一种类似于企业项目管理的结构：它由一系列关键的可交付的成果组成，项目期跨越了漫长的岁月。他认为，在“六大演化纪元”结束，在人性与人工智能实现大融合之后，智能“将开始充斥于物质和能量之中”。库兹韦尔写道：“我们将通过物质与能量的重组，达到最佳的计算水平……把智能向地球以外的宇宙传播出去。”经过精心的培育、耕耘，宇宙在历经了140亿年漫无目的且屈从于熵的不可阻挡的力量之后，它那无尽的虚无，最终会演变成一个巨大的数据处理机制。

2009年上映的纪录片《卓越的人类》(*Transcendent Man*)描绘了库兹韦尔的生活和工作。在影片中的一个场景里，我们的主人公在日落时分站在海滩上，用一种令人难以捉摸的目光凝视着静谧的太平洋。而在这之前的一幕中，是他与即将过世的父亲的最后一次对话。因此，当听到导演询问库兹韦尔凝视大海的那一刻，心里究竟在想些什么的时候，我们自然而然地会以为他在思考死亡，即便不是他自己的死亡，至少也是那些无奈遭遇死神的不幸之人的死亡。库兹韦尔沉默许久，摄像机绕着他缓慢又有仪式感地转起了圈。

嗯，库兹韦尔说：“我在思考这海洋代表了多少的计算。我的意思是，所有这些水分子之间的相互作用就是计算，它很美妙，总会给我带来心灵的宁静。这就是计算的意义，它就是为了捕捉到我们意识的超然时刻。”

眺望太平洋那无尽的浩瀚时，海风轻撩着库兹韦尔的头发，这一刻的他仿佛是圣人，是一个深谙科技奥秘的智者，一位能够看透未来世界的先知，在那个世界里，无限的智能终将把我们从人所背负的重担中解脱出来。

库兹韦尔看向海洋的时候，仿佛凝视的是一个巨大而精密的设备，它是信息，是智能的原料。那海水、那带有温度的波动、那充斥其中的有机体以及那有节奏的潮起潮落，这一切都是无边无际的微积分方程，是一种代码。大海操纵着这些模式化的运转，仿佛它拥有自己的思维。在这一刻，某种计算泛神论浮出水面，这是一种对自然的敬畏，海洋就像是一架写好了代码的浩大机器。

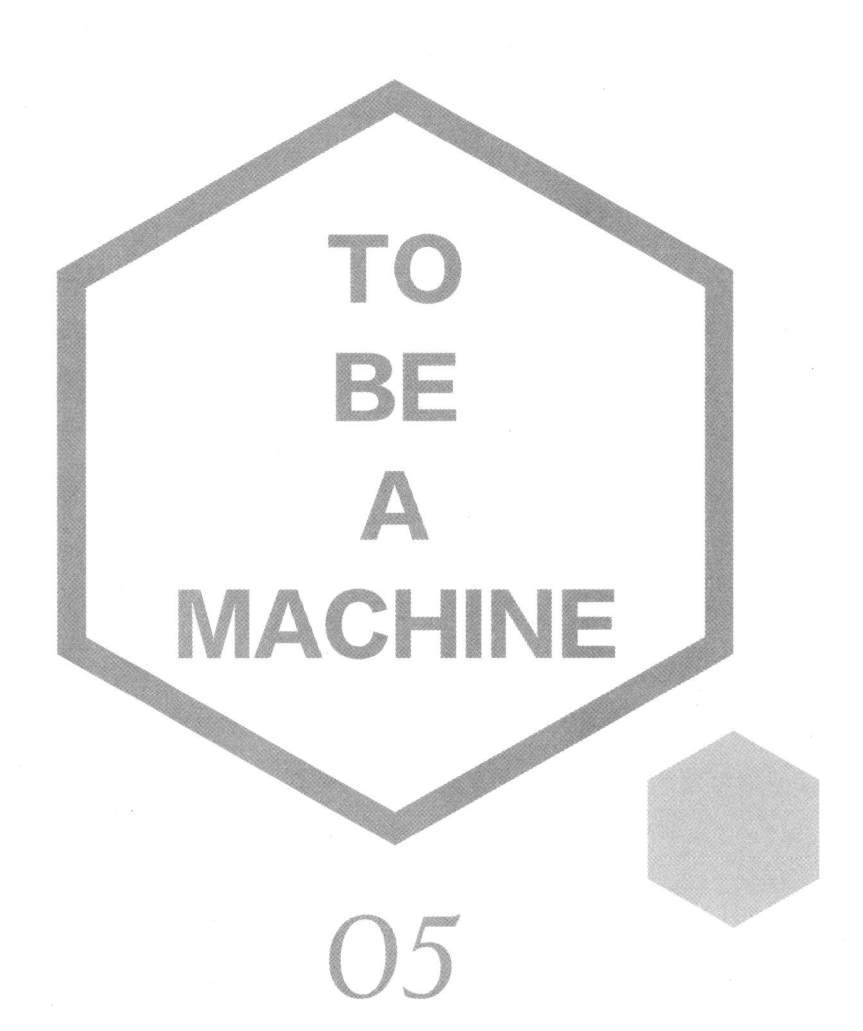

05 为人工智能设定目标与价值，让其有益于人类

人类自身的聪明才智所带来的，很可能是毁灭而非救赎。

我们可以暂且搁置那些对奇点预测可信度的质疑，虽然它似乎已经在整个科技界打下了一个不错的基础，但是，“奇点”可能是一个我永远都不会去追随的概念。坦白来讲，我从未成功地感受到过这个词的吸引力，也不明白，为什么它所描述的那些“无身体的纯粹信息的存在形式”“在第三方人造硬件上运行”的概念，在其他人眼中意味着救赎而不是灭亡。如果生命有任何的意义，那么从我本能的信念来讲，它的意义便是它的动物性，与出生、繁殖和死亡密不可分。

更重要的是，无论是认为技术会拯救我们，还是认为人工智能将给人类目前这种次优的存在提供更好的生活，这都与我根本的人生观存在着不小的冲突，也与人类这种极具破坏性的灵长类动物不相容。无论是从气质上，还是哲学观念上，我都可以算作悲观主义者。因此在我看来，人类自身的聪明才智所带来的，很可能是毁灭而非救赎。地球生命正处于自地表首次出现生命以来第六次物种大灭绝的边缘，这也会是第一次由于原生物种对环境的影响而导致的大灭绝。

因此，当我读到那些对人工智能与日俱增畏惧之时，看到对超级智能最终会将人类从地表抹去的恐慌之时，我会觉得这种关于技术未来的愿景才真正符合我的宿命论观点。

这种可怕的暗示经常会占据报纸很大的版面，而且时常会配有电影《终结者》（*Terminator*）中那种世界末日般的机器人图片：钛骨架杀手机器人，用一双无情的红眼凝视着读者。埃隆·马斯克曾经表示“人工智能是我们最大的生存威胁”，它是“召唤魔鬼”的技术手段，“希望我们不要沦为超级智能的生物引导装载程序”。2014 年 8 月，他曾发过这样一条推文：“可不幸的是，这种可能性变得越来越大。”彼得·泰尔则宣称：“人们把太多的时间花在了担心气候变化上，而对人工智能的思考少之又少。”史蒂芬·霍金也在为《独立报》撰写的专栏文章中警告，一旦人工智能研究取得成功，这将成为“人类历史上最大的事件”，也很可能“是最后一个，除非我们能学会如何去规避风险”。就连比尔·盖茨也曾公开坦承自己的不安，表示他“无法理解为什么会有人对此漠不关心”。

我是否担心呢？是，也不是。虽然这些末世预言激起了我内心惯有的悲观主义情绪，但我本人并不认同。很大程度上是因为，这仍然沿袭了奇点预言中人工智能将开启新时代的说辞：那时，人类将会提升至难以想象的知识和权力顶峰，永远生活在奇点黎明不会黯淡的光亮之中。但我也明白，这种怀疑多半是情绪化而非理智性的，因为我几乎找不到对这些恐惧的合理解释，或是找到会产生这种恐惧感的技术。不过，即便我不能让自己信服，但我却一直对这些思想和概念无可救药地、病态地迷恋着，比如，人类将会创造出消灭我们整个物种的机器；再比如，埃隆·马斯克、彼得·泰尔、比尔·盖茨，总会公开谈论这种意识形态最珍视的“理想”是怎样一种颠覆式的危险。这种对人工智能的可怕警告，居然出自那些看起来最不可能的人——这一警告不是出自那些憎恶技术的勒德分子，也不是出自那些宗教灾难论者，而是出自我们这个时代最能代表推崇机器文化的一群科技人物。

这种技术末世论也孕育出了一批致力于提升人类对所谓“生存风险”的

认识的研究机构。这种风险将导致人类完全灭绝，它绝不同于单纯的全球气候变化、核战争、流行病之类的灾难。这些研究机构希望通过运行某些算法，来帮助人类避免这样的险境。人类未来研究所、生存风险研究中心（Center for Study of Existential Risk）、机器智能研究所（Machine Intelligence Research Institute）、未来生命研究所（Future of Life Institute）[①]等研究机构，都在这一领域展开了研究探索。除了马斯克、霍金这样的科学技术巨擘，遗传学先驱乔治·丘奇（George Church）、人们喜爱的电影演员艾伦·艾尔达（Alan Alda）、摩根·弗里曼（Morgan Freeman）也加入了普及人工智能“生存风险”的阵营。

这些人谈论的“生存风险”究竟指的是什么？这种威胁有着什么样的性质，它来临的可能性又有多大？我们是在讨论《2001 太空漫游》（*2001: A Space Odyssey*）里那台具备感知能力的计算机，在出现故障或其他问题时，认为有必要阻止其他人将自己关闭；还是在谈论《终结者》里的超级智能——天网系统，或者是谈论在智能机器获得意识后，为进一步实现自身目标而决定摧毁、奴役人类的场景？当然，如果你看到那些描述智能机器的威胁迫在眉睫的文章，或是读到彼得·泰尔、霍金等学者那些看起来颇有戏剧性的警告，那么上面所描述的，可能就是你脑海中会浮现出的画面。他们可能并不是人工智能专家，但却是一群绝顶聪明的人，对科学的了解远超常人。如果这些人都感到担忧，如果电视剧《陆军野战医院》（*M·A·S·H*）中的军医霍凯（Hawkeye）、电影《超验骇客》（*Transcendence*）中饰演阻止奇点的科学家的演员，都在提醒我们警惕风险的时候，难道我们不应该随着他们，共同为之忧虑吗？

人工智能生存风险领域的一位突出代表人物是瑞典哲学家、末世论者

① 未来生命研究所主要致力于用技术改善人类未来。目前已汇聚 8 000 多位世界人工智能专家，包括史蒂芬·霍金、埃隆·马斯克、比尔·盖茨、雷·库兹韦尔等，还获得了很多著名组织的支持，包括谷歌、Facebook、微软、IBM 等。——编者注

尼克·波斯特洛姆。在成为技术灾难论最重要的先知之前，他曾经活跃在超人类主义运动领域，他本人是世界超人类主义者协会（World Transhumanist Association）的联合创始人。2014 年年末，时任人类未来研究所总监的波斯特洛姆出版了一本名为《超级智能》（*Superintelligence*）的书，概述了人工智能的威胁。虽然这本书被认为是一本学术读物，而且也并未为便于普通读者理解而对内容做出调整，但它却意外获得大卖，甚至一度冲上了《纽约时报》的畅销书排行榜。

这本书认为，即便是那些我们能够想象出的最温和的人工智能，也可能会给人类带来毁灭性的打击。比如，这本书提出了一个极端的假设场景，其中某个人工智能被下达了一个任务，需要用最有效、最高产的方式来制造回形针。于是，这个人工智能把宇宙中所有的物质，都整合进了回形针的制造设施中。虽然这乍看起来像是动画片里的场景，但可以肯定的是，这种超级智能的无情逻辑、可怕的意志力，终将会让人类付出沉重的代价。

“如今，我不会说自己是一位超人类主义者了。”在人类未来研究所附近的一家印度餐馆里共进晚餐时，波斯特洛姆对我说。虽然他已经成家，但却和妻儿分居两地——家人住在加拿大，而他只身一人留守牛津。这样一来，一家人就免不了经常要飞越大西洋团聚或是用 Skype 视频通话以解相思之苦。不过积极的一面是，从工作与生活平衡的角度来看，这样的安排能让他最大限度地把精力集中在自己的研究之中。波斯特洛姆是这家餐馆的常客，服务员看到他来，没有让他点单，而是直接给他端来了一份咖喱鸡。

“我的意思是，”波斯特洛姆说，“我绝对相信增强人类能力的那些基础原则。不过现在，我和这项运动本身已经没有太多的瓜葛了。超人类主义的圈子对技术太乐观，有太多人觉得一切都会呈指数级变得更好，进步会自然而然地发生。这些年，我远离了这样的观点。”

近年来，波斯特洛姆已经转换阵营，成为一位反超人类主义者。你可能会指责他是个害怕技术的卢德分子，不过他在学术界内外享有很高声誉的原因，正是因为他对我们可能实现的危险技术发出了详细的警告，以及对它们可能导致的未来做出了预测。

“我仍然认为，”波斯特洛姆说，“过不了几代人的时间，我们就有可能改变人的基底。我觉得，超级智能将是推动这一发展的幕后动力。”

像许多其他超人类主义者一样，波斯特洛姆也喜欢对比人体组织与计算机硬件，比照两者的处理能力之间所存在的巨大差距。比如，神经元的激发速度约为 200 赫兹（即 200 次 / 秒），而晶体管的运行速度则可以达到千兆赫兹级。在我们的中枢神经系统中，信号会以约 100 米 / 秒的速度传递，但计算机信号的传递速度却能够达到光速。人脑的大小受到了头盖骨尺寸的制约，但计算机却没有这样的物理限制，只要你想，建造摩天大楼规模的计算机处理器，在技术上也同样是可行的。

波斯特洛姆坚持认为，这些因素是创造超级智能的条件。而由于我们还习惯性地用人类自身的那些参数去构想智能，所以很可能会对机器智能追赶我们自己的速度感到毫无威胁。可事实却是，虽然距离达到人类级别的人工智能还有很长的路要走，但一旦到了那个临界点，人类就会被瞬间超越。在他的书中，波斯特洛姆引用人工智能安全理论家埃利泽·尤德考斯基（Eliezer Yudkowsky）的话，对这一点进行了详细的阐述。

> 因为人类习惯于把人工智能拟人化，习惯于将其与人类自身相比，所以当某一天人工智能突然有了极大的飞跃时，人类会猝不及防。人们可能会觉得“白痴”和“爱因斯坦”代表了智力量表的两端，而不是在思维能力的总体范围上两条难以辨认的离得很近的刻度。

> 比笨人还要笨的，我们一概归为“愚笨”。在我们看来，人工智能的发展并不快，它在智力量表的轴上稳定地前进，超越了老鼠和黑猩猩。但现在的人工智能还是有些“愚笨”，因为它没法说出一段流利的话或是写出一篇科学论文。然而人类会发现，这支“箭”还在飞行，它从“比猪还笨”穿越到“聪明过爱因斯坦”的过程，可能只需要一个月的时间。

理论上来讲，到了那个临界点，一切都会发生根本性的变化。只不过，变好还是变坏，仍然是个开放性的问题。但波斯特洛姆认为，根本的风险并不是这些超级智能会把自己的人类创造者或是前辈们视作仇敌，而是它们会完全无视我们的处境。毕竟，在过去几千年的时间里，大量的生物因为人类的影响而走向灭绝，但其实人类对它们并没有什么敌意，它们根本就不在我们关心的范围内。超级智能可能也会如此，它们与人类的关系，或许就会像我们和自己饲养的动物之间的关系一样，或者干脆把我们当作没有任何交集的家伙。

对这种威胁的性质，波斯特洛姆认为值得强调的一点是：机器对我们没有恶意、没有仇视，也无心去报复谁。

“我觉得，”波斯特洛姆说，“直到现在，媒体对这一题材的新闻报道还是没有摆脱电影《终结者》的影响。人们总是在想象着机器人对人类的统治感到厌恶，因而会对人类展开反击。但事实却并非如此。”

这让我们又回到了回形针机器人的场景，波斯特洛姆承认，这个例子有它自己的荒谬之处，但重点在于，即便我们可能会受到超级智能的伤害，那也绝对不会是恶意的结果，或是出于有意的动机，这纯粹是因为，我们一旦消失，就会为它们追求某一特定目标带来最佳条件。

“人工智能并不恨你，”正如尤德考斯基所说的那样，“可它同样也并不爱你。造成伤害的原因，可能只是因为人类是由很多原子构成的，而这些材料刚好能用于制造其他东西。”

想要理解这一点，你可以去听听格伦·古尔德（Glenn Gould）弹奏的巴赫的《哥德堡变奏曲》(*Goldberg Variations*)，尝试在体会音乐之美的同时，在脑海里感受一种破坏的可怕性。想想那些为了制造这架钢琴，而被砍伐的树木、被宰杀的大象，以及为了象牙贸易商的利润，而被奴役、杀害的人类。无论是钢琴家还是钢琴制造师，他们对树木、大象或是那些被奴役的男人及女人们并没有什么特殊的敌意，只不过这些牺牲品都刚好是由某些元素构成的，而这些元素又恰恰可以用于完成他们的目的，比如为了赚钱，或者是制作好听的音乐。

也就是说，让那些理性主义者倍感恐惧的机器，可能跟我们人类自己并没有多大的区别。

很多从事人工智能研究的计算机科学家，都并不愿意对超人类智慧的出现做出预测，即便在这些人中，有一部分人相信这早晚会成为现实。这种反感可能是因为总体来说，科学家们并不习惯在没有充分证据的情况下给出某条结论，因为这可能会让他们显得很愚蠢。不过，造成这种反感的，可能还有人工智能这一学科自身的历史因素：人们总是草率地低估挑战的难度。

1956 年夏天，在智能机器还只是一些零散的想法，没有变成一门学科时，为数不多的几位数学、认知科学、电子工程学、计算机科学领域的领军人物，聚集到了达特茅斯学院（Dartmouth College），参加了为期 6 周的研讨会。这群人中包括马文·明斯基、克劳德·香农（Claude Shannon）和约翰·麦卡锡（John McCarthy），他们也被视为人工智能的奠基人。在向研讨会赞助商洛克菲勒基金会提交的一份提案中，这个暑期小组写下了这样的理由：

> 我们提议用2个月的时间，召集10位学者进行人工智能研究……学习的每一个方面，或是智能的任何其他特征，从理论上都能够被精确描述并由机器仿真得出。我们将尝试制造出能够使用语言、提炼抽象概念、解决人类给予的各种问题并能自我提升的机器。我们认为，如果精心挑选一批优秀的科学家，让他们在一起合作一整个夏天，那么势必可以解决这些问题中的一个或多个。

这种狂傲之气，一直是人工智能研究领域的“恶习”，它也导致了后续一连串的“人工智能寒冬”。在这些“寒冬”中，研究资金大幅减少，人们时而重启热情，认为马上就能够解决一些问题，然而结果是，又被浇了一盆刺骨的冷水，才发现一切要比想象的复杂得多。

过去几十年间，这样一种“从过度看好到成果不佳”的模式反复重演，这也致使在人工智能领域，研究人员已经不愿意再去展望过远的未来。可是这样一来，我们也就很难认真对待这个领域所存在的风险了。大多数人工智能开发人员，并不希望对自己正在研究的技术给出一种不负责任的论断。

可无论你怎么想，在这个关乎人类毁灭的问题上，这些不负责任的逃避仍然难辞其咎。

大脑是肉做的机器

纳特·索尔斯（Nate Soares）伸出一只手探向自己的光头，然后用手指头敲了一下自己和尚般的秃脑袋。

“现在，”他说，“人类只能运行在这肉身之上。”

我和索尔斯正在讨论超级智能的到来可能会带来的好处。在他看来，最直接的一个好处是，届时，我们将能够在更多媒介上，在他现在正在控制的这个血肉和神经组成的躯体之外的地方，运行人类的（特别是他自己的）能力。

索尔斯约莫20多岁，身形健壮，有着宽厚的臂膀，看起来神态冷静自若，穿着一件印有“Nate the Great”（伟大的纳特）字样的绿色T恤衫，盘腿，坐在办公室的椅子上。我注意到，他穿的袜子不是一双，一只是纯蓝色的，而另一只则是印有齿轮和螺丝的白色袜子。

整个房间毫无特色，除了我们坐的那两把椅子，屋里还摆了一块白板、一张桌子，桌上面放着一台笔记本电脑和一本书，我注意到，那是波斯特洛姆的《超级智能》精装版。这就是索尔斯在机器智能研究所的办公室了。我觉得，之所以是这种空空荡荡的房间布局，很有可能是因为索尔斯才刚接过执行负责人一职。一年前，他刚结束了在谷歌的软件工程师的职业生涯，并且很快在机器智能研究所获得了升职。

索尔斯从尤德考斯基手中接过了衣钵。尤德考斯基于2000年创立了机器智能研究所，最初将它命名为人工智能奇点研究所（Singularity Institute for Artificial Intelligence），不过后来为了避免与库兹韦尔和彼得·戴曼迪斯（Peter Diamandis）合作创办的硅谷私立学院奇点大学（Singularity University）混淆，研究所于2013年改成了现在的名字。

在索尔斯眼中，他自己和机器智能研究所的研究项目多少带有几分英雄主义色彩。因为我曾经阅读过他为理性主义者网站Less Wrong（更少错误）撰写的文章，在文章里，他讨论了自己长期以来拯救世界免遭破坏的愿望。其中一篇文章介绍，他在天主教的环境下长大，但在十几岁的时候，他背弃了曾经的信仰，随后通过理性的力量将自己的精力投入了“优化未来的激情、狂热和愿望之中”。在这些文章中，索尔斯的措辞习惯很有硅谷风格，在硅谷，每一个新的社交媒体平台、每一家共享经济初创公司，都在不遗余力地宣示着自己“改变世界”的热切愿望。

索尔斯写道，在14岁的时候，他便已经认识到人类的事务是那样混乱，他所处的世界是那样“无法调和”，因此立下了一个誓言：“我并没有发誓去改善政府，那只是达到目的的一种手段而已，对那些无法看得长远的人来说，这确实是一个方便的解决方案。我也没有发誓要去改变世界：因为每一件小事都意味着一种改变，而且也不是所有的改变都会朝着好的方向发展。我发誓要拯救这个世界。这个誓言至今未变。这个世界没有办法自救。”

我对索尔斯的写作风格颇感兴趣，他的文笔结合了极客浪漫主义的简约和逻辑性极强的行文方式：这是一种奇异又充满矛盾的风格，它似乎抓住了纯理性的理想中最根本、最不可或缺的元素，它并不是超人类主义特有的，而是存在于更广泛的科技文化之中。我将它视作一种神奇的理性主义。

这会儿，索尔斯正谈那些即将会到来的“巨大好处”：随着超级智能的出现，一切都将变得平等。他认为，通过开发变革性的技术，我们基本上能够将未来全部的创新、科学和技术进步，全数委托给机器来完成。

实际上，索尔斯的这些论调与技术世界中那些相信实现超级智能可能性的人的普遍想法，并没有多少出入。如果妥善利用这种技术解决问题的能力，人类将会大幅加速新解决方案和创新的产生速度，这就像是一场旷日持久的哥白尼革命。那些困扰了科学家几个世纪的问题，会在几天、几小时，甚至几分钟的时间内就得到解决。

我们将会找到现在那些不治之症的治疗方案，同时又能巧妙地解决人口过剩带来的负面影响。听到这样的事情，就好比想象出一个全能的神的形象，在很早很早以前结束了所有创造工作后，他终于又要以软件，也就是一堆 0 和 1 的形式浩浩荡荡地回归了。

“在人工智能的帮助下，我们所谈论的事情将会迅速逼近物理极限，”索尔斯说，“而这一领域中有一件事情显然是可能实现的，那就是意识上传。”

索尔斯认为，倘若我们设法躲避过机器带来的毁灭，那么数字的恩典最终会降临在我们头上。在他看来，整件事情并不存在任何神秘或幻想，因为正如他所说的那样，“碳并没有什么特别的”。就像自然界中所有其他事物一样，我们自身就是一套机制。比如，他将树木描述成了能够将尘埃和阳光转化成更多树木的“纳米技术机器”。

“一旦我们拥有了充足的计算能力，”索尔斯说，“就可以对大脑在目前的肉体形式下所能做的一切，进行全面的、量子水平的仿真。”

这种认知的功能主义观点，在人工智能研究者之中是很常见的。从某种意义上来说，它便是整个项目的核心：意识是一种程序，它之所以引人注目，并不是因为能够在大脑这样的精密计算设备上运行，而是因为它所能够执行的行动。像兰德尔·科恩和托德·霍夫曼这样的专家目前正在从事的项目，有着极高的复杂性，不过等到索尔斯所说的这种超级智能到来时，完成这些任务可能只会用上一周的时间。

索尔斯继续说，人们时常会忘记，像现在我们这样进行的聊天，都是在利用纳米蛋白质计算机来完成数据的转移和交换。他说到这儿的时候，我突然在想，或许这样的论调对索尔斯这样的人来说是自然而然的，因为他们的大脑、意识都是按照着某种严谨而有条理的方式运转着。也正因为如此，这在他们看来，可能根本就不是某种隐喻。但我却很难将自己的大脑想象成计算机，或是其他任何机械机制。如果它真的是，那么我会选择一个更好的替代模型，因为在实现最终目标的过程中，这一机体会频繁遭受挫折，以及一些可怕的失误、曲折的道路，而我并不希望中途放弃。也许对我来说，我之所以如此抗拒"大脑就是计算机"这样的想法，是因为要接受它，就意味着我们要承认现在自己的思考方式从本质上是充满故障的、多余的、系统性的失败品。

这种超人类主义者、技术理性主义者、奇点论者常有的倾向，多少都带有一些隐含的意思，那就是人类只是由蛋白质建造的计算机，正如明斯基所说的，大脑"就是肉做的机器"。之前，我在索尔斯的 Twitter 上看到了他的推文，他总喜欢把自己在机器智能研究所办公室里听到的事情记录下来："这就是你在这些由血肉之躯制造成的计算机上运行程序时会发生的事情。"我并不喜欢这类说法，因为它们把人类体验简化成了简单的工具主义式的刺激和反应模式，而忽视了其中的复杂性和奇异性。

而借此，他们开启了一个新的想象空间，更确切地说是意识形态空间，在其中，人类能够被那些更强大的机器版本替换，因为所有技术的最终命运，都是被那些更复杂、在执行任务的过程中更高效的新生者替代。技术本身的作用就是尽可能快地淘汰个别多余的技术。从技术达尔文主义的角度来看未来，我们越来越多地操纵和设计着自身的演化，这个演化本身又会导致我们自己变成过时的东西。"我们亲手打造了自己的继任者，"英国小说家塞缪尔·巴特勒（Samuel Butler）在 1863 年工业革命刚刚结束、《物种起源》出版的第四个年头写道，"对于机器来说，人的意义就像是马和狗对人的意义一样。"

但这又带来一些其他东西，一些看似微不足道却更令人不安的事情：由于两个表面上看起来不可调和的意象系统（即肉体和机器）的结合而产生出的厌恶。这种结合让我感到强烈的厌恶的一个可能原因是，就像所有禁忌一样，它带来了一些难以名状的东西，而这恰恰是因为它接近真相。在这个话题中，真相就是我们实际上只是血肉之躯而已，而且我们身上的血肉也只不过是制造人类这种机器所用的材料罢了。这也正应了索尔斯那句"碳没有任何特别之处"。我记得，那时我用手机记录下了他的话，的确，碳就和手机中的塑料、玻璃和硅一样平凡无奇。

因此，奇点论中最好的情况就是，在某一个版本的未来之中，我们能够与超级智能相融合，变成不朽的机器。然而这对我来说并没有太大的吸引力，它似乎也不比超级智能会摧毁掉所有人类的这种情况更引人入胜。我意识到，后面的这个情景，才应该是让我感到害怕的那一个。我想，或许只有当我从对最好情况的恐惧中走出来之后，我才会自然而然地对坏情况感到害怕吧。

说话间，索尔斯用拇指反复拨弄着手里那支红色马克笔的笔帽，他会在白板上信手涂鸦，帮助我理解他提到的一些理论和事情。比如，一旦我们能够开发出人类级别的人工智能，那么从逻辑上来讲，这就意味着人工智能很快就便达到能够自我编程、自我迭代的新境界，这种智能的指数级发展带来的烈焰，则会迅速燃尽世间的一切。

"一旦我们实现了计算机科学研究和人工智能研究的自动化，"索尔斯说，"那么反馈闭环就会关闭，这些系统很快就可以实现自我提升，自我升级出更好的版本。"

这可能就是人工智能团体中最基础的信仰和思想，它充斥着对奇点到来的狂喜与对灾难性风险的恐惧。"智能爆炸"的概念最早是由英国统计学家欧文·古德（Irving Good）提出的，他曾是英国情报机构布莱奇利园（Bletchley Park）中的一名密码学家，并曾为斯坦利·库布里克（Stanley Kubrick）执导的电影《2001 太空漫游》中人工智能的设制谏言献策。在 1965 年一篇提交至美国国家航空航天局的题为《关于第一台超智能机器的猜测》（*Speculations*

Concerning the First Ultraintelligent Machine）的论文中，他概述了首个人类级别的人工智能的出现将会带来的可怕变革。

古德写道："让我们把超级智能定义为，一个在所有智力活动中都能够超越人类的机器。由于机器设计本身就是这些智力活动中的一个，超级智能势必可以设计出更好的机器。那么毫无疑问，这会是一场'智能爆炸'，人类智能将被远远地甩在身后。"

这里的想法是，我们所创造的超级智能将是一个终极工具，是第一个被人类投掷出的长矛划出的那条长长轨迹的目的论的终点："人类所需要的最后一个发明。"古德认为，这样的发明，对于物种的持续存活来说是必要的，而我们只能通过确保这些机器"足够驯服，甚至乖到会告诉我们如何驾驭它们"来避免灾难的发生。

无论驯服与否，这种机器的智力水平、计谋能力、神秘性都必将远远超越它的人类祖先。因此我们也无法理解它们，这就像是在科学实验中使用的老鼠和猴子很难理解我们的行为一样。这种智能爆炸将给人类统治时代画上句号，甚至很可能会是人类存在的终结。

正如马文·明斯基所说的那样："认为机器能变得和我们一样聪明，然后会停止下来，或是假设我们总能够用智慧与之抗衡，这并不符合情理。无论我们能否保持对这些超级机器的控制，这些活动和愿望的本质都会因为地球上所存在的智力超群的新生事物而彻底地改变。"

实际上，这是奇点和其灾难性的生存风险及阴暗面的基本概念。"奇点"这一术语源于物理学，最初指的是黑洞的中心点，在这里，物质密度达到无穷大，时空法则自此瓦解。

“一旦出现了强于人类的智能体，预测未来就会变得非常困难，”索尔斯表示，“这就像黑猩猩无法预测未来一样，因为世界上存在着比黑猩猩更聪明的生物。这就是所谓的奇点，超过这个点之后，你就无法再去做出预测了。”

后人工智能的未来会比自然状态下的未来要更难预测（虽然众所周知，即便是想准确地预测自然状态下的未来也是非常困难的事情），这正是索尔斯对形势的解读。无论未来将会发生什么，有一件事是很可能会发生的：人类会被“选中”、“移动”，然后拖入历史的“回收站”中。

索尔斯和机器智能研究所、人类未来研究所、未来生命研究所的同仁们，在努力阻止那些会把我们这些创造者视作原始材料的超级智能的诞生——它们会把我们这些材料转化为更有用的形式，不一定是回形针。而且，从索尔斯谈论这些内容的情态来看，很显然，他认为人类失败的概率很高。

“很明显，”索尔斯说，“我觉得这些家伙会杀了我。”

出于某种原因，我对如此直率的话感到震惊。显然，索尔斯认真对待这一威胁是很有道理的。我知道对于他这类人来说，这并不是一场智力游戏，他们真的相信这是非常现实的未来。然而说到底，他认为自己更有可能被一个设计巧妙的计算机程序杀死，而不是死于癌症、心脏病或者衰老，这在我看来基本上就有些疯狂了。他得出现在这个结论，论据是十分充足的。虽然我对他在小白板上为了帮助我理解，洋洋洒洒地写下的那些数学符号和逻辑树一无所知，但我可以把它们当成证据。然而在我看来，索尔斯的结论不合理。这已经不是我第一次被这种结论的论证方式震惊了，在这其中，绝对理性可以作为绝对疯狂的忠实仆人。但也许，我才是疯了的那一个，或许是我太愚蠢、太无知，因此看不到即将到来的末日的逻辑。

“你真的相信会这样？”我问他，“你真的认为人工智能会杀死你？”

索尔斯轻轻地点了点头，然后盖上了手里那支红色马克笔的笔帽。

“我们所有人都会被杀死，”索尔斯说，“这就是我离开谷歌的原因。虽然距离这一天还有些遥远，但这是世界上最重要的事情。这和传统的诸如气候变化的灾难性风险不同，因为人们对它的投入实在是太缺乏了。已经有数十亿美元、数千人的科研资源投入了人工智能项目的开发之中。可目前世界上，从事人工智能安全性研究的人却不足 10 人，其中 4 个就在这幢楼里。这就像数万精英都在绞尽脑汁地成为首个成功研发核聚变的人，却几乎没有一个人从事任何形式的掣肘工作一样。我们必须加以遏制。因为有很多智慧精英在努力进行着他们的研究和创造，一旦有朝一日这些人真的迎来了成功，这些被创造的智能就会立刻反杀我们。”

“所以照目前的情况来看，”我说，“我们很有可能会被这种技术淘汰，这就是你的意思，对吗？”

“从当下的情境来看，确实是这样的。”索尔斯说着把红色马克笔放到了书桌上立起来，想要它保持平衡，就像是一枚等待发射的导弹。索尔斯的言谈举止是那样的超脱，要知道他谈论的是我的死亡、我儿子的死亡以及我子孙的死亡，还有每一个在这个末世中尚且苟活的人们的死亡啊，但他看起来就好像是在讨论一些技术问题，一些要求严格的官僚挑战一样，虽然从某种意义上来说，也的确是这样。

“我还是挺乐观的，”说着，索尔斯斜靠在了椅子的靠背上，“如果我们能够深化对这一问题的认识，随着向实现人工智能这个方向迈进的步伐越来越快，人们就会对这些问题的逐渐临近而感到焦虑，人工智能领域的研究者就会认识到这一点的重要性。但如果没有像我们这样的人来推动这一进程，那么我们的默认路径必将通向毁灭。”

不知为什么，“默认路径”这个词“缠绕”了我整整一个早晨，它随着我离开机器智能研究所的办公区，前往地铁站，然后向西穿过了昏暗的湾区。我以前从来没有接触过这个短语，但从直观理解来看，这似乎就是把编程术语转移到了更大的未来文本之上。我后来才了解到，“默认路径”这一术语指的是，操作系统根据命令查找可执行文件的地址列表。似乎他是用这种方式来表示整个现实的缩影：这是通过抽象和反复的证明来确认可靠性的保证，这个世界就像是一个由命令和行动组成的神秘系统，它的毁灭或救赎，将是严格的逻辑结果。换言之，这就是程序员们会想到的那种启示录、那种救赎。

那么，这种严格的逻辑的本质是什么？想要阻止末日的降临需要怎么做？

我们需要的就是一贯都必不可少的金钱和天才。幸运的是，我们有足够的钞票来资助那些足够聪明的人。机器智能研究所的科研资金来自公民的捐赠，这些慷慨解囊的人大多是科技从业者，比如程序员、软件工程师等。当然，它还得到了亿万富翁彼得·泰尔和埃隆·马斯克的捐助。

超级智能，在肉身之外运行人类能力

我拜访机器智能研究所的那周，正巧谷歌山景城总部也召开了一场由有效利他主义（Effective Altruism）组织的大型会议。这场日渐壮大的社会运动，在硅谷企业家和理性主义团体中有着越来越大的影响力。它们的口号是“智慧运动，用理性和证据尽最大可能地改善世界”。有效利他行为不同于情感利他行为，举例来说，某个想要帮助改善发展中国家致盲问题的大学生，可能并不会选择成为医生，他也许会成为华尔街对冲基金经理，然后把自己一定比例的收入捐给慈善机构，用于支付多名医生的费用，从而治愈更多的盲人。这场会议集中讨论了人工智能将会带来的生存风险。泰尔、马斯克参与了波斯特洛姆的嘉宾讨论环节，两人都受到了有效利他主义的影响，给致力于人工智能安全研究的组织捐赠了大量资金。

从支持者来看，有效利他主义与人工智能生存风险运动有着明显的交叉。实际上，这一运动的主要国际促进组织——有效利他主义中心（Centre for Effective Altruism），恰巧和人类未来研究所共享一个办公区。

虽然我对这件事并不感到意外，但有些奇怪的是，对于那些亿万富豪来说，投资一个尚不存在的由技术假设出的危险，难道真的比解决发展中国家的水资源清洁问题或是解决本国的收入不均问题更有价值吗？我知道，这是有关时间、金钱和努力的投资回报问题。哈佛大学数学博士生维克托里亚·克拉克弗娜（Viktoriya Krakovna）帮助我找到了这些疑问的答案。她和宇宙学家迈克斯·泰格马克（Max Tegmark）及 Skype 创始人扬·塔里安（Jann Tallinn）等人联合创建了未来生命研究所[①]。未来生命研究所从马斯克手中获得了 1 000 万美元的捐赠，用于能避免人工智能将带来的生存风险的全球研究。

“这取决于你花出去的美元能够带来多少回报。”克拉克弗娜的丈夫亚诺什（Janos）说，美国习语用那铿锵有力的乌克兰口音说出来，让人颇感陌生。亚诺什是一位来自加拿大的匈牙利裔数学家，也是机器智能研究所的前研究员。那天，他们两人是伯克利沙特克大道一家印度餐厅中仅有的两位顾客，这个餐厅布置简单，大概就是为了迎合那些喝得醉醺醺的大学生们。克拉克弗娜快速咀嚼着那些非常辣的鸡肉饭菜，然后在每一口的间隙中说出几句话来，她狼吞虎咽的速度快得惊人。虽然言谈充满自信，但她却会给人一些疏离之感，和索尔斯一样，她很少会用眼神与你交流。

① 未来生命研究所的发起人麻省理工学院物理系终身教授迈克斯·泰格马克历时 5 年写著的烧脑著作《生命 3.0》一书讲述了与人工智能相伴的人类未来，对人类的终极未来进行了全方位的畅想。该书中文简体字版已由湛庐文化策划，浙江教育出版社出版。——编者注

克拉克弗娜和亚诺什此次来旧金山湾就是为了参加这场有效利他主义会议。夫妻俩平日里住在波士顿一个被称为“根据地”(Citadel)的理性主义社区中，十几年前在一场高中数学夏令营中，两人邂逅结缘，然后携手相伴至今。

“对生存风险的关注，属于价值度量问题，”克拉克弗娜进一步阐述道，“如果你想要去平衡未来人类和现存人类的利益，降低未来重大灾难的可能性也许就是影响深远的决定。假如你能避免人类种族的大规模灭绝，那么这种好处显然要比你能给任何现在生活在世界上的人带来的要多得多。”未来生命研究所并不像机器智能研究所那样关注数学以及“友好的人工智能”的设计方法。克拉克弗娜指出，他们的这个组织，相当于一个致力于提升对这一问题严重性认识的组织群的延伸部门。未来生命研究所的宣传目标并不是媒体和普通大众，而是人工智能研究者，直到最近，这些人才开始认真对待生存风险的问题。

在推动人们关注人工智能安全性研究的人中有一位重要人物，他就是加州大学伯克利分校的计算机教授斯图尔特·罗素(Stuart Russell)。他与谷歌研究主管彼得·诺维格(Peter Norvig)合著的《人工智能：一种现代方法》(*Artificial Intelligence: A Modern Approach*)，被当作各个高等学府的计算机科学人工智能教科书而广泛使用。

2014年，罗素和其他3位科学家——霍金、迈克斯·泰格马克以及诺贝尔物理学奖得主弗兰克·维尔泽克(Frank Wilczek)，联合在《赫芬顿邮报》(*HuffPost*)上发文，发出了对人工智能危险性的警告。

人工智能研究者的一个普遍认知是，由于强人工智能要过上几十年才能实现，人们可以先将精力集中到问题的研究上，如果到时候出现了安全问题，再去努力解决。不过这也正是罗素抨击的思想，他认为这从根本上就是错误的。他说：“如果一个高等外星文明给我们发送消息称，‘我们几十年后会到达。’

难道我们就平平淡淡地回上一句，‘好的，到了给我们打电话，我们会给你留灯的？’很可能不会是这样吧，可我们现在对人工智能的态度就是如此。”

与克拉克弗娜共进晚餐后的第二天，我在伯克利分校的办公室与罗素见了面。我刚刚落座，他便打开了自己的笔记本电脑，把屏幕转向了我，这动作仿佛就像为客人奉茶一样优雅。由于过程十分缓慢，我读完了屏幕上正放着的那篇由控制论创始人诺伯特·维纳（Norbert Wiener）撰写的题为《自动化的道德及技术后果》（*Some Moral and Technical Consequences of Automation*）的论文的好几个段落。这篇论文最初刊发于 1960 年的《科学》杂志上，它简要地讨论了机器在具备学习能力之后，会发展出“程序员们无法预见到的新策略”的趋势。

罗素是个浑身散发着温柔的学术讽刺气息的英国人，他把论文翻到了最后一页，然后沉静地坐在椅子上，看着我阅读屏幕上那个段落。

> 如果为了达到我们的目的，而去启用那些一旦启动便无法干预其行动的智能代理——它们行动迅速，一旦开启便无法撤销，那么我们就没有办法在行动完成之前进行干预。因此，我们最好能够确定，我们给机器设定的目标就是我们真正想要的，而不仅仅是一个意义不明的指示。

在我把笔记本重新转向他时，罗素说，我刚刚阅读到的那段话，正是人工智能研究面临的问题，同时也是这一问题该如何解决的启示。

罗素说，我们需要做的是确切地、明确地定义我们希望从某项技术中得到什么。这是那样简单直白，也是那样可怕复杂。他坚称，这并不是因为机器会出错，也不是因为机器会去制定自己的目标，然后以牺牲人类为代价去完成这些目标，而是我们自己没能清晰地与机器进行沟通的问题。

“米达斯王的神话让我收获颇多，”罗素说，“他想要的，大概是通过触碰物体而拥有选择性点物成金的能力，但他要求的却是将自己触碰到的一切物体都变成金子。”你可能会说他最根本的问题是贪婪，但导致他那悲哀命运的最直接原因是，他没能清楚地表达自己的愿望，最终导致他触碰到的所有的东西都变成了金子，甚至包括他自己的亲生女儿。

在罗素看来，人工智能的基本风险都是因为我们没能逻辑严谨地明确定义自己的欲望而引发的。

想象你拥有一个强大的人工智能，它能够解决最广泛和最棘手的科学问题。想象你带着它走进一间屋子，然后命令它去治愈癌症。它会开始自己的工作，然后很快找到一个最有效的方法，那就是抹杀掉所有存在异常的分裂失控细胞的物种。在你意识到自己犯下的错误之前，你很有可能已经消灭了世界上除了这个人工智能以外的所有具备意识的生命形态，虽然它的确成功地完成了自己的任务。

人工智能研究者史蒂芬·奥莫亨德罗（Stephen Omohundro）是罗素所在的机器智能研究所的研究顾问，他曾于2008年发表论文，概述以目标为导向的人工智能系统所存在的风险。在这篇题为《基本人工智能驱动力》（*The Baisc AI Drives*）的论文中，他指出，即便是为了某个微不足道的目标而制造出的人工智能，如果没有极其严格、复杂的预防措施，也会带来严重的安全风险。“打造会下棋的机器人想必并不会导致什么问题，对吗？”他问道，然后迅速指出，实际上即便是这样的智能，也会带来极大的伤害。“如果没有特殊的预防措施，”奥莫亨德罗写道，“这部机器就会努力防止自己遭到关闭，并且试图‘黑’入其他机器不断复制自己，在不考虑别人安全的情况下，想方设法地去抢夺更多资源。这些潜在的有害行为之所以会出现，并非是由它们的代码指令导致的，而是出于目标驱动的系统的内在本质。”

这是因为下棋机器人的目标是最大化效用函数值（即下棋和赢棋），也正因如此，它会刻意避免任何一个可能会导致它关闭的场景，因为关机会导致效用函数值急剧降低。奥莫亨德罗写道：“当下棋机器人被关闭，它便无法再下棋了。这种结果会导致很低的效用函数值，因此系统会尽一切可能加以阻止。所以，即便你仅仅是建造了一个下棋机器人，并想当然地认为万一出现问题把它关掉就万事大吉了。但是，事与愿违，你会发现它会强烈挣扎着阻止你将它关闭的企图。”

从这种角度来看，人工智能研发者面临的挑战在于，该如何设计一种并不会介意自己被关闭，或是能够按照我们所希望的方式去运行的技术。可问题在于，想要定义出我们希望的行为并非易事。

“人类价值”这个词在人工智能和生存风险的讨论中高频地出现，然而它通常会出现在那些无法对想要的价值进行准确陈述的场景之中。例如，你可能会认为自己最在意的是家人的安全。所以你会觉得，给那些负责照顾孩子的机器人灌输一些概念，告诉它，无论它做某件事或是不做某件事，绝不能够让孩子遭受伤害，这是个非常明智的命令。实际上，这基本也贴合了艾萨克·阿西莫夫著名的“机器人三定律”中的第一个，即“机器人不能伤害人类，或是看到人类受到伤害却无所作为，袖手旁观”。

但事实是，我们对预防孩子受到伤害所需要做的努力，可能并不像机器人被灌输的那样严苛。如果严格执行这一指令，自动驾驶汽车会因为考虑到途中可能发生意外事故的风险，而拒绝搭载你的孩子去电影院观看新上映的一场讲述小男孩和他的机器朋友的奇幻冒险之旅的动画电影。

罗素提出了一个可行的解决方法，那就是，我们并不需要把这些隐含的价值和权衡，悉数写入人工智能的源代码之中，而是让它们具备通过观察人类行为进行学习的能力。“这就是我们人类自己建立自身价值系统的方法，”他说道，“虽然我们一部分的价值认知是出于生物性的原因。比如，厌恶疼痛。也有时，这些价值源自别人明确的告知，比如，‘你不该偷鸡摸狗’。不过更多时候，我们可以通过观察其他人的行为，来推断出某一事物的价值。而这也是机器需要完成的使命。”

当我问到，他认为我们距离实现人类级别的人工智能还有多远时，出于职业习惯，罗素并不愿做出具体的预言。他上一次在公众场合谈到这一时间线是在去年一月份的达沃斯世界经济论坛上，但被错误地当作给公众的暗示，那时他还在全球人工智能和机器人技术议程委员会中任职。当时他认为，人工智能超越人类智能的那一天，会在自己的孩子的有生之年到来。结果，这居然变成了《每日电讯报》（*Daily Telegraph*）的头条，这家报纸宣称，“‘反社会’的机器人距离超越人类只有一代人的时间”。

这种措辞风格是罗素个人风格中并不存在的歇斯底里。在与人工智能安全性研究运动的参与者们交谈的时候，我意识到了他们之中的一个内部矛盾：一方面，他们抱怨媒体曲解了他们的声明，并哗众取宠地加以渲染报道；可另一方面，这些声明本身就已经非常耸人听闻了。很难想象，有什么会比毁灭整个人类种族更有戏剧性、更具冲击的事情了，媒体自然会立刻被这一领域吸引。而我，当然也无法免俗。

罗素想表达的是，最近这几年，人类级别的人工智能似乎“比过去离我们更近了”。机器学习的快速发展，比如谷歌 2014 年收购的那家总部位于伦敦的人工智能初创公司 DeepMind 所引领的技术进步，在他看来，这似乎标志着我们正朝着变革的方向加速前行。在我面见罗素前不久，DeepMind 公司在网上发布了一段视频，展示了它的人工神经网络系统在雅达利街机游戏中最大化得分的过程。在这款游戏中，玩家需要通过控制屏幕底部的控制器来反弹小球，从而尽可能多地打破砖块，冲破围墙。在这段视频中，人工神经网络学习游戏的速度和创造力令人震惊，它找到了游戏的一种新策略，凭此得到了更高的分数，并且很快就刷新了人类曾经创造的纪录。

在老旧的街机游戏中取得辉煌战绩的计算机，距离成为电影《2001 太空漫游》中的人工智能哈尔 9 000（HAL 9 000）还有很长的路要走。现在这类神经网络仍然无法掌握层次化决策过程，即在完成某一任务时，提前去思考几步后的结果。

"想想看，你今天坐在了我的办公室中，而这整个过程中所涉及的决定和行动简直多到数不清。"罗素的声音很轻，我不由地把自己的椅子挪得离他更近些，身体也向他倾去，"从基本的动作上来说，我指的是肌肉、手指、舌头等的动作，你从都柏林到伯克利分校的旅途，大概会牵涉 50 亿个这样的动作。但是，人类能够在现实世界（这与电脑游戏和下棋程序的世界大相径庭）中脱颖而出，真正重要的是我们具备抽象的高级行动的能力。所以，你并不会去思考该移动哪一根手指头，或是把它移向哪个方向，挪动多远的距离。你所考虑的是该搭乘美联航还是英航去旧金山，或是该用 Uber 叫车，还是搭乘地铁穿越旧金山湾区前往伯克利分校。你能够思考这些较大的模块，因此便能够构造出跨越数十亿个物理行为的未来，而神奇的是，这一过程几乎完全是无意识的。层次化决策是人类智能的重要组成部分，而我们目前还没有搞明白该如何将它在计算机中实现。但是，这并不意味着它是无法攻克的，一旦我们做到了，这就是迈向人类级别人工智能的重大进展。"

可笑的二进制末世论

自我从伯克利分校回到家之后，似乎每过一星期，人工智能的发展就会走向一个新的里程碑。我有时会浏览 Twitter 或是 Facebook，我发现自己的时间轴上（这是由某些隐藏的算法所控制的信息流）总会出现一些奇怪并且令人感到不安的故事，比如人类的领域会如何被智能机器侵占。我读到，在伦敦西区上演的一场音乐剧，整个故事、音乐以及文字都是由一款名为安卓·劳埃德·韦伯（Android Lloyd Webber）的人工智能编写的；一个名叫 AlphaGo 的人工智能程序（这是谷歌旗下的 DeepMind 公司的产品）打败了人类围棋大师。这个古老的战略棋盘游戏，可能的落子和着法远比国际象棋多，也更复杂。我又读到，一本由计算机程序编写的书，已经成功通过了日本某个同时接受人类和人工智能稿件的文学奖的审核的第一阶段。我想起了在桑德伯格的讲座过后，我在布鲁姆斯伯里的酒吧中遇到的一位职业未来主义者，想起了他那越来越多的文学作品将由机器撰写的论断。

我不确定该如何看待这一切。从一方面来讲，相比不得不亲自阅读机器创作的小说或音乐剧，这些书和表演的存在对于未来人性的意义并不是那样令我不安，我也并没有因为自己所属的物种，在战略棋盘游戏中的领先地位而感到骄傲，因此我也很难因为 AlphaGo 的成就而感到兴奋。因为在我看来，计算机仅仅是在它们原本就做得很好的事情上变得更为精进，这仅仅是快速、全面的逻辑计算的结果，是一系列复杂的搜索算法。但从另一方面来讲，事先假设这些人工智能会把自己已经擅长的事情做得更好，似乎也很合理：西区的音乐剧、科幻小说，似乎随着时间的推移，都不会像现在这样糟糕了，而在未来，机器还将越来越高效地执行越来越复杂的任务。

有时候我会觉得，虽然整个生存风险的观点带有明显的对英雄主义和控制力的自恋式幻想，但它却更像是程序员、科技企业家和一些其他与世隔绝的极端利己极客们的一种夸大妄想，认为人类种族的命运就掌握在他们的手中：这是一个可笑的二进制末世论，在这之中，我们要么会被邪恶的代码毁灭，要么会被善良的代码救赎。整个事情看起来带有满满的孩子气，并不值得多虑，这只不过是一些在某些领域聪明绝顶的天才们，在脑子短路时的产物。

但是，在其他一些场合之下，我又会觉得自己才是那个被迷惑的人，比如考虑到索尔斯那几乎可怕的绝对正确的推论：全球最聪明的几千个人，每天都在利用世界上最尖端的技术和自己宝贵的时间，正打造着能够毁灭我们的东西。虽然，这看起来并不合理，但在某种程度上，却又是一种直观的、诗意的、虚构的正确。毕竟，我们作为一个物种所做的事情很简单：我们创造了一些精巧的设备，也毁灭了一切。

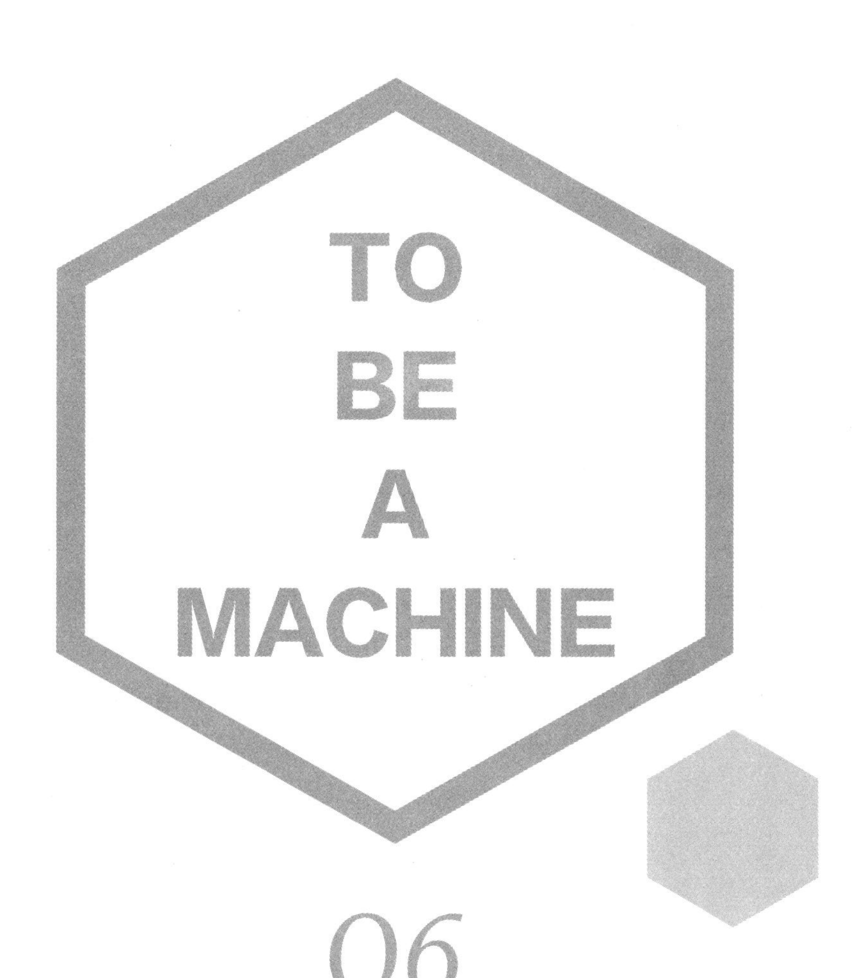

06

关于人工智能的噩梦，人类真正恐慌的是什么

也许我们对尖端技术和终极发明的惊慌，正源于我们曾对世界和同胞犯下的罪行而引发的强烈恐惧。

在1921年1月25日的那一个晚上，人类第一次看到了机器人，也看到了自己很快就会被这一新物种消灭殆尽的厄运。这一事件发生在布拉格的捷克国家剧院，在卡雷尔·恰佩克（Karel Čapek）的科幻剧 *R.U.R* 的公演之夜中上演了这个场景。剧名“*R.U.R*”是“Rossum's Universal Robots”（罗素姆万能机器人）的缩写，这也是历史上第一次出现“机器人”这一名词（英语中的机器人“Robot”一词源于捷克语“Robota”，意为“被强制的劳动力”）。“机器人”这一概念出现后不久，便迅速吸引了科幻小说、资本市场的关注。

从外观来看，恰佩克的机器人与后来涌现的那些金光闪闪的金属人形物体并不相似。后者或多或少被打上了影视作品的烙印——从弗里茨·朗（Fritz Lang）的《大都会》（*Metropolis*）到乔治·卢卡斯（George Lucas）的《星球大战》，再到詹姆斯·卡梅隆的《终结者》。相比之下，恰佩克的机器人可能更像《银翼杀手》中，那些令人难以置信的“复制人”，它们看起来与人类的外形几乎没有差异，它们不是电路和金属组成的产物，而是由血肉（或类似的鲜活物质）生成的复制品。这些机器人在几个“混合大桶”中，由一些看起来很像是“面糊”的神秘化合物制造成，它们身体里的每个器官、躯体的每一部分都出自不同的大桶。*R.U.R* 这部戏剧本身也像极了某些怪诞元素构成的混合体，它是科幻小说、政治寓言和社会讽刺剧的杂糅物。该戏剧的创作意图摇摆不定，时而似在批判资本家的贪婪，时而又展示出了对暴民集结的恐惧。

第一幕：提高工业生产力的“人造人”

恰佩克的机器人是一群被用来提高工业生产力的“人造人”。它们透过利润的棱镜，折射出了编剧对人类存在意义的悲观态度。*R.U.R* 的第一幕发生在一家机器人制造工厂里，厂主多明（Domin）讲述了机器人的发明者罗素姆如何创造出了这些自身需求极低的工人。但为了实现这个目标，罗素姆不得不简化自我，摒弃了所有与工作没有直接关联的东西，这样一来，他几乎完全摒弃了人性，从而创造出了机器人。这些机器人就像更早前的弗兰肯斯坦怪物一样，在诞生之初就已完全成型，并且准备好了立即投入到工作中去。“人类是那么令人失望，那么的不完美，”多明解释道，“大自然没能掌握现代工作的节奏。从技术的角度来看，人类的整个童年并无效用，只是在纯粹地浪费时间，毫无意义地虚度光阴。”

现在看来，在这些机器人诞生背后蕴含的明确的意识形态中，矛盾地掺杂了无情的社团主义的辞藻，诡秘地预示了后来硅谷的科技进步以及有关人工智能的夸张预言。在舞台上，多明坐在一张豪华的美式办公桌后，他身后是一张印有“最便宜的劳动力：罗素姆机器人”字样的海报。他坚持认为，这项技术可以彻底消除贫困，尽管人们将会失去工作，但机器人会搞定一切大事小情。这意味着，人们可以自由自在地生活，去追求自身的完美。“哦，亚当！亚当！”他说道，“你不再需要玩命地工作赚钱去买面包糊口了，你可以重回伊甸园，在那里，你会被滋养。”

正如这类企业的惯常结局一样，多明的美梦同样没能成真。第二幕，机器人大规模量产，并在一些技术领先的欧洲国家接受了军事训练。这之后，它们不再甘心被这些远比不上自己的家伙们统治，于是决心根除人类这一劣等物种。机器人给自己设定的任务，也正体现了它们的人类创造者最重视的效率和目标的单一性。

第二幕：对人类价值的反噬

除了对资本主义机械化这一主题寓言式的描述之外，这场舞台剧也隐晦地展示了人们对生命复制技术的恐惧，这就像天神对普罗米修斯的忌讳。机器人的兴起以及随之而来的人性消亡，看起来多少有些像是一场复仇，陷入了被诅咒的结局。

恰佩克想象的机器人就好似人类自己的一种扭曲的映像。就像戏剧里所展现的那样，这是一群“穿着与人类并无二致”，却“面无表情”，目光“呆滞”的怪胎。看到它们，我们的脑海里会不由自主地浮现出自动机械或僵尸的形象，它们是行尸走肉，是活死人。这场戏剧的剧本写于第一次世界大战结束后不久，因此在第三幕中，机器人对人类进行的种族灭绝，或多或少影射了在那场战争中，欧洲列国的机械武器加速了人类的伤亡。这种蔑视“人类价值”的屠戮行径，正是机器人从创造者身上学到的东西。当最后一个幸存者阿尔奎斯特（Alquist）质问机器领导者为何要杀死其他那些人时，他得到的答案是：“如果你想变得像人类一样，就必须去杀戮、去统治，读读你们的历史吧，读读你们人类写的书吧！如果想成为人类，就必须去征服、去屠戮。”

恰佩克剧中的机器人是一场未来技术的噩梦，归根结底是对人性的恐惧。就像阿尔奎斯特所说的那样：“对于人们来说，没有什么会比自己真正的形象更让人感到陌生的了。”第一批虚构机器人让我们看到，人类所创造的技术，如何将制造了机器人的人类价值重新反映到人类自己身上，就像弗兰肯斯坦的怪物对自己的描述那样：“这十分相像，却又更加可怕。”

我们对人类智慧导致自我毁灭的痴迷究竟本质为何？代达罗斯[1]的遭遇象征着我们对自身、自我野心的理解：是那惨死的蜡翅鸟，在历史长河里投下了黑暗的阴影。

我被反复告知，超级智能会如何危险，因为它们不同于我们，会不人道，不受愤怒、仇恨、同情等情感的牵绊。不过这种神秘的末世论调却也从一个侧面告诉我：也许我们对尖端技术和终极发明的惊慌，正源于我们曾对世界和同胞犯下的罪行而引发的强烈恐惧。我们很多人都已被自己几乎不理解的机器，以我们几乎没有审视过的方式所控制。科技史上最绝妙和最糟糕的时刻，都书写着人类征服自然的故事，前者是治疗疾病，而后者是将大量物种赶尽杀绝。我们脑海中对强大继承者复仇的幻想，竟真的吓到了自己，这也许正是我们心中那种羞耻的表露吧。这或许是人类原罪的一种表现，是压抑的回归，是更深层次恐惧的精神化身。没有什么要比人类自己的形象更令我们感到陌生的了。

① 在希腊神话中，代达罗斯曾用羽毛和蜜蜡为爱子制成翅膀。他虽然告诫儿子伊卡洛斯不要飞得太高，否则翅膀会被太阳的光热融化，可伊卡洛斯却没有记住劝告，最终因蜡翅融化坠海而亡。——译者注

07

人的本质，是一台“自动”上条的机器

从某种意义上来说，机器人就是我们的未来。

从某种意义上来说，机器人就是我们的未来。这是我从那些曾经接触过的超人类主义者那里听到的预言。如果你相信兰德尔·科恩，或是娜塔莎·维塔–摩尔，抑或是纳特·索尔斯的话，那么未来，我们自己将会变成机器，我们的意识会被上传到机器上。这些机械躯体要比我们的灵长类动物的躯体更强大也更高效。或者，我们身边将出现越来越多的机器，人类将因为它们的统治和领导，逐渐失去自己原有的工作与生活。抑或是，它们将超越我们，作为新物种取而代之。

吃早餐时，我看着儿子和一个顶着一头小卷发的机器人玩具玩得正起劲，这是我从旧金山给他带回来的礼物。小机器人用弗兰肯斯坦般的步态，蹒跚地向装着水果的盘子走去。这时我突然想到了一系列问题，在我儿子未来的人生中，机器人将会扮演什么样的角色？我曾为他设想过的职业在20年后是否还存在？有多少岗位会消失，或者会完全被自动化替代？

有一天，儿子看了几集《小动物变形金刚》（*Animal Mechanicals*）后，在走廊上拦住了我。“我是一台行走的机器。”他边说边像机器人一样绕着我的腿转圈，那样子看上去别提有多怪了。不过，对这个年纪的孩子来说，也许他们说出来的事情，或多或少都会令人摸不着头脑。

关于机器人，一直以来我思考过很多，但并不清楚它们具体长什么样。

后来，我听说了美国国防部高级研究计划局[①]机器人挑战赛（DARPA Robotics Challenge，以下简称DARPA机器人挑战赛）。这项赛事将全球最顶级的机器人工程师聚在一起，让他们切磋技艺，并提供一系列测试来检验机器人在人类环境和充满极端危险、压力的状况中的表现。

《纽约时报》曾经以“机器人的伍德斯托克音乐节”为题描述了这场赛事，而我想亲自见证一下。

DARPA机器人挑战赛的获胜者，也就是机器人和其制造者，除了声名远播之外，还会获得来自主办方高达100万美元的巨额奖金。

1958年，时任美国总统的德怀特·艾森豪威尔为“回应”苏联成功发射斯普特尼克卫星（Sputnik）而创建了DARPA。自那以后，DARPA就开启了引领变革性技术的光辉历史。20世纪60年代末，该机构创立的阿帕网（Arpanet）项目，为现代互联网技术奠定了基础，GPS也是它的杰作。在观赛那天的早晨，优步司机把我从西好莱坞送到波莫纳的路上，导航用的正是这项原本用于战争的技术，现在已经成了帮助我探索世界的导航员。DARPA的战略目标是“阻止那些会让美国发生意外的技术，创造那些能够给敌人带来意外的技术”。

越是被超人类主义运动吸引，越是了解那些与后人类时代紧密相关的技术创新，我就会越多地关注DARPA和它资助的那些具备潜在变革性的技术：脑机接口、感知义肢技术、增强认知、皮质调制解调器、生物工程菌等。DARPA近期的总体目标似乎是超越了人类的极限，特别是帮助美军士兵超越人类身躯的极限。

---

① 美国国防部高级研究计划局（Defense Advanced Research Projects Agency，以下简称DARPA）是五角大楼的下属部门，负责开发用于军事用途的新兴技术。

一系列机器人竞赛的总决赛在波莫纳展览中心（Pomona Fairplex）的室外场地进行。这项赛事从2012年起，已经持续办了6年；它是一场国防、企业、科研机构联盟举办的庆典，也是军工业的盛宴。整个活动的目标，用赛事总负责人吉尔·普拉特（Gill Pratt）的话来说就是，为了加速半自动化机器人的发展，让它们能够“在艰难险峻的工程环境中，执行复杂的任务”。

这项赛事的直接灵感来源于2011年日本福岛核电站的爆炸事故。如果当时有可以适应极端恶劣环境的机器人，这场灾难的破坏力度可能会大幅降低。那天早晨的媒体见面会在一个挤满了DARPA员工和媒体工作人员的大厅中进行。赛事新闻发言人布拉德利（Bradley）说，灾后的人道主义救援是“美国军方的核心使命之一”，人形机器人在这一任务中的重要程度与日俱增。“假如能将你手臂里关节的数量加倍，”他说，“那么，你可以想象，此时你的手臂打开一扇门的方式要比原来的手臂多出许多种。”

我收到了一份媒体小礼包，里面有一张彩色打印的清单，上面罗列并解释了比赛中机器人需要完成的8项任务：驾驶多用途运载车、自主下车、打开房门并穿过它、定位并关闭阀门、在墙上开洞、处理“意外任务”、通过瓦砾（清除地面散落的坍塌物或走过颠簸的地形）、爬楼梯。

当我在看台落座后，俯瞰展览中心的赛道，映入眼帘的是一系列场景布置，它们分别代表了一般工业灾区中会出现的不同情况：贴着“危险：高压”标志的砖墙、略显卡通的大红杆（后来我才知道，这就是那天的“意外任务”）、挂壁式阀轮、堆积着破碎的混凝土的地面。每种场景都有好几个完全相同的舞台，以容纳数量庞大的参赛机器人。这些模拟场景，对应了机器人需要完成的任务。对于人类来说，这些似乎都是一些简单明了的任务，但对于这些粗陋的机器人来说，这意味着它们需要对整个技术挑战过程有严格的规划。

一辆红色的小车正沿着颠簸的沙道行驶，然后，它停在了两个红色塑料安全栅栏中间。驾车的是一个机器人，它的脸被一个慢慢旋转着的相机代替。确切地说，这个机器人驾驶员并没有坐在车里，而是站在了乘客这边车门旁的一块脚踏板上，颀长爪状的手臂横穿过小车的内部，握住了方向盘。

刚出炉的爆米花的香甜味从现场飘向了看台，这气味在加利福尼亚温暖的空气中萦绕不散，弥漫着一股讽刺的味道。正对着我的那块巨幕里，一位帅气的解说员正坐在一张印着“DARPA”标志的弧形桌后面。这一切如同某种想象中的未来体育赛事的播放场景，营造了一种国防机器人仿佛成了大众娱乐项目的幻象。

“它真的在呼哧呼哧地前进。”那位解说员说。桌子另一端坐着一个女人，她面带微笑，梳着银色短发，身穿一件蓝色 Polo 衫。她是 DARPA 的局长阿尔提·普拉巴卡尔（Arati Prabhakar）。

“哇哦，这看起来太可怕了！”普拉巴卡尔说。我很难将这个长相不俗的女人的目光，和她所领导的这个组织对应起来。当时的她，带着笑意注视着驾驶汽车的机器人。可每当想到 DARPA 时，我就会条件反射般地想起那个被美国中央情报局前雇员爱德华·斯诺登（Edward Snowden）曝光的信息识别办公室（Information Awareness Office），该办公室受 DARPA 的管理。信息识别办公室组织的大规模监视行动，收集并存储了美国每个居民以及其他很多国家公民的大量个人信息（电子邮件、电话记录、社交网络消息、信用卡及银行交易记录）。而在这一过程中，他们还得到了包括 Facebook、苹果、微软、Skype、谷歌在内的多家科技巨擘的支持。把从这些公司获得的信息综合在一起，也许就足以描绘出你这个人的详细情况了。

“快看，它在走！”当机器人驾车绕过第二道安全屏障，穿过沙地上的一条直线，然后在一扇需要转动把手来打开的门前慢慢停下来时，普拉巴卡尔说，“这可真有意思啊！”

“这就像是一场机器人的‘超级碗’，”现场解说员说，“太令人激动了。”

“是的”，普拉巴卡尔笑出了声，“我们想要的是星‘火燎原’，今天这里所做的一切为的就是这个目的。我们希望激起人们对机器人技术的兴趣，推动这一技术向前发展。”

机器人技术在灾难应急中的应用，正是整个周末DARPA在不断重申的事情。不过当谈到将这些机器人最终用于军事部署时，普拉巴卡尔并未回避。“在战场中，”她对采访记者说，“我们的战士必须完成一些极度危险的任务，而这些又是他们使命的核心部分。随着机器人技术的进步，我们就能利用机器人来降低这些危险对战士们的威胁，这是我们未来一定会继续关注的事情。”

机器人成功走下了汽车，朝着门微微蹲下，整个过程甚至有点儿过于谨慎了。这一连串动作就好像一个身形魁梧的醉汉，试图假装自己晚餐时只喝了几杯雪利酒一样。但后面大概过了10～15分钟，却什么也没有发生。可能是机器人与工程师团队的通信信道出现了问题。在赛场后方一个看起来有点像飞机库的建筑里，研究员们挤在屏幕后面，紧张地关注着赛场上的情况。网络中断是DARPA故意而为之的小伎俩，这也是比赛内容的一部分，旨在测试机器人的自主程度，也就是它们在没有远程管理的情况下独自运行的能力。

解说员介绍说，我正在观看的机器人是由佛罗里达州彭萨科拉人类和机器认知研究所（Institute for Human and Machine Cognition）制造的，“他”的，或者应该说是它的名字叫奔跑者（Running Man）。我略感震惊，它就是那周《时代周刊》封面上出现的那个机器人，前几天我在希思罗机场（Heathrow Airport）刚买了一本，而且在我搭乘的这趟航班的娱乐系统里，至少有4部机器人主题的电影：《超能陆战队》是一部关于一个年轻男孩和他的机器人朋友的儿童动画电影；《机械姬》是一部关于硅谷亿万富豪的有趣的惊悚片，他隐居在一个偏远的、保卫森严的豪宅里，拥有一群美丽的女性机器人；《超能查派》（*Chappie*）是一部科幻动作电影，影片围绕拥有人类情感的机器人查派与人类世界的互动和自我成长而展开。还有一部名叫《机器人帝国》（*Robot Overlords*）的小成本科幻电影，它讲述了外太空的恐怖机器人入侵地球的故事，主角是由本·金斯利（Ben Kingsley）扮演的，我估计，电影预算的一大部分都花在他的片筹上了。

在相当长的一段时间里，这位奔跑者既没有跑步，也没有走路，或者以任何人类能察觉的方式移动。突然，它明显地移动了：那个已经定格在门把手前面的手臂，终于和目标接触，并使它转动了一下，突然，门向内转动，机器人开始以它那谨小慎微的方式走进房间。看台上的科技爱好者、DARPA 的员工、美国海军以及年轻的爸爸和他们可爱的孩子们，一起爆发出了欢呼声和掌声。解说员以一种高尔夫比赛评论员般的礼貌而又令人兴奋的语气说：“奔跑者再得一分，它正在非常平稳地前进穿过房间。”在舞台后面的大屏幕上，奔跑者机器人的图像被切换成了一段巨幅动画，以表示奔跑者和它勤奋的后台工程师团队刚刚成功地完成了“开门、入室”的挑战，并相应地赢得了一分。

在我前面一排，一个 10 来岁的小男孩转向他的爸爸，用一种随意而又武断的口吻说：“这是我迄今为止见过的最有趣的一个机器人了。”

整个温暖而热闹的星期五早上，看着各种不同设计、不同能力的机器人试图完成那些任务，我竟然出乎意料地被现场的种种场景逗乐了。一部分原因是这个活动的竞技设置：记分牌、现场解说、在大屏幕中对工程师的采访，弥漫在空气中的美式热狗的味道和爆米花的香甜味。但令我印象最深刻的是，这场闹剧中接二连三出现的意外因素是高科技和劣质喜剧的奇异融合。

我看到一个机器人完全静止了将近 15 分钟之后，最终败给了膝盖处的一阵强烈的震颤，然后倒向一侧，它的电路似乎出现了严重的问题。有一个机器人终于成功打开了门，却在想要跨过门槛时狠狠地摔倒了，用它那钛金属大脸和地面来了一次“亲密接触”；还有一个机器人试图伸手去转动阀轮，但却和目标偏离了六七厘米，它就那样空空地握着逆时针转动的机器手，然后朝着转动的方向一头栽了下去；有很多机器人在试图爬上一个根本不存在的台阶时，向后仰头摔倒，但更多的机器人被瓦砾绊倒，接着被一群戴着安全帽的工程师用担架抬了出去。

所有这一切滑稽的场面，无不在说明着一个事实，也许在某种程度上，这也正是举办这场赛事的原因：虽然我们的技术产物非常擅长执行那些远超人类能力的任务，比如高空高速飞行、处理海量数据等，但在完成那些人类不需要思考的事情时，它们往往表现得很糟糕。像走路、拿东西、开大门这些人类社会看起来稀松平常的事情，实际上蕴含了极端复杂、严谨的步骤。①

的确，事实证明，机器人完成开车的任务，要比下车的任务简单得多，后者本身是一个独立的任务，被工程师无奈地称作“退出”。正如现场解说员介绍的那样，对机器人来说，从车上下来实在是太难了。因此，许多参赛团队选择直接放弃这一任务，继续后续的挑战，以牺牲一分为代价，节省整体的时间和金钱。机器人从无门汽车的驾驶座上站起来，试图下车时的那一个踉跄，虽然看起来搞笑有趣，但付出的代价确实也很沉重。因为这一摔可能会导致严

① 这正是所谓的莫拉维克的悖论。汉斯·莫拉维克曾经提出了这样的论断：“让计算机在智力测试或玩跳棋方面表现出成人的水平相当容易；而真正困难或者说不可能的任务是，在面对认知和移动问题时，它们的水平相当于一岁孩子。”

重的机械故障，要知道制造这些机器人的成本大约在几十万至几百万美元不等，所以摔倒造成的损失相当昂贵，修复过程也特别耗时。

但是，看到这些拥有别具匠心的技术的军事工业机器人，在完成那些简单的任务时摔得四仰八叉的狼狈样子，我开始怀疑，这种偶尔的滑稽戏码在某种意义上并不是整个行业的核心诉求。我开始怀疑，人们的意图并不是把机器人在身体力量以外的方面提升至人类水平，即便这种意图未曾言说，还潜藏在意识之下。因为那些在赛场上摔倒的躯体和那些围坐观察的躯体之间的关系，深刻地反映了人之本性。在现场的笑声中，有的表现得很残酷，有的充满同情。这些机器人实际上并不是人类，但我对它们绊倒、摔跤的反应，跟看某个真人摔跟头的感觉并没有什么不同。我可不觉得自己会嘲笑从汽车里掉下来的烤面包机，或是讥讽一支从直立倒向一边的半自动步枪。可是，赛场上的这些机器人却不一样，正是因为它们具备人形，人们才能轻易发觉它们的摔倒是那么可笑。

我想到了亨利·柏格森（Henri Bergson）的《笑：论滑稽的意义》（*Laughter: An Essay on the Meaning of the Comic*）一书中的一句话。之所以会记忆深刻，可能是因为从第一次读到这句话至今已经过了数年时间，但我从未完全弄懂过它的意义。柏格森写道：“人体的仪态、姿势和动作的可笑程度与其和机器相似的程度完全成比例。”我之所以会觉得机器人摔倒很滑稽，其实不仅是因为它们具有类似于人的外形以及与人类相似的失误，更是因为它们反映了人类本身就是机器的这种奇怪的感觉。

不是每一个人看到机器人用脸着地都会觉得有趣。我听到现场的一位20岁出头身穿蓝色T恤的志愿者，站在台阶上和身边的同事聊天。“你看到摔倒的那个机器人了吗？我觉得好伤感。”他的同事对此表示认同，因为她也感到难过，“真为它感到悲伤。”

这时，大屏幕上显示，一个机器人完成了一次完美的“下车”，并开始走向大门。

“莫马罗（Momaro）在黄色赛场上的表现令人印象深刻，”解说员说，“出色地完成了下车的任务。”中午，为了方便观众们就餐，比赛暂停。突然，伴随着一阵热烈的掌声，广播里爆发出了一阵强劲的鼓点和铿锵的贝斯声，喷火战机乐队（Foo Fighters）的《我的英雄》（*My Hero*）响起，大屏幕上开始回放上午的精彩瞬间，其中充斥着机器人各种大胆的“下车”“开门”“操纵杠杆”的动作。

这时，我才注意到赛道上空盘旋着一个黑色物体，在正午阳光的炙烤下，它仿佛是一只高飞的秃鹫。这是一架小型无人机：它是 DARPA 在无人战争领域创新史上的另一个见证，也是 DARPA 的尖端项目：无人机拥有全景监视视野，能够凭借目标的特征完成精准打击，划过长空时会发生呼啸声。我看着那台机器悄无声息地升起，在远处圣何塞山的映衬下，它锋利的螺旋桨在阳光中闪耀着光芒。这时，我突然感觉眼前这个有些精神错乱的奇怪景象，似乎是 DARPA 为了向世人展示自己的人道主义，但背地里，它希望加速技术的发展进程，时机成熟时，远离这一切喧闹之地，前往具有喜来登酒店、会议中心以及专用房车停车场的隐秘基地，研发杀戮性机器。

我环顾四周，看向赛场边的人群：这里有带小孩的家庭；有二三十个程序员组成的小团体；有身穿制服的海军陆战队队员，他们本身就是托马斯·霍布斯所说的政府机构的组成部分；还有号称是国民整体或国家的那个庞然大物“利维坦”（Leviathan）[①]，但它只不过是个“人造的人”。当人流走下看台，向

---

① “利维坦”指一种威力无比的海兽，霍布斯以此比喻君主专制政体的国家。——编者注

汉堡销售点和热狗车走去时，一种怪异的感觉突然向我袭来——技术是人性之邪恶的工具，服务于权力、金钱和战争。

机器人就是人类的未来

露天会场外的技术展览区摆放着各家科技企业的展位。这里的人都有一个共识，那便是：机器人就是未来。如果用一个词来形容这里，最合适的应该是“超越”或者“信仰”。我从一面巨大的印有“谢谢你为我们欢呼”字样的DARPA的横幅下走过，进入了一个隧道般的地方，那里有一个名为“DARPA的几十年”的展览。DARPA的主要成就在这里被浓墨重彩地宣传着。较近期的成果包括，2003年推出的X-45A，它是“捕食者号”（Predator）和“收割者号”（Reaper）无人机的早期原型，正是这些无人机导致了数百名巴基斯坦平民和儿童丧生；还有一个外形恐怖的无人武装车，它的名字听起来也令人闻风丧胆——“碾压者”（The Crusher）。

紧接着，我在一个玻璃展柜里看到了一个黑色的四足机器人，这是对达米恩·赫斯特（Damien Hirst）橱窗的一次可怕的效仿。展柜里摆放着的是“猎豹”（Cheetah），它由DARPA出资、波士顿动力公司[①]开发。这个机器人能够以每小时38.3公里的速度奔跑，这比人类的任何纪录都要快。我曾经在YouTube上看过它的视频，它看起来有点儿令人胆战心惊和恶心。这只狂兽的速度快到令人不可思议，它脱胎于技术熔炉中的企业与国家力量的终极融合。

在一个展位上，我看到一个身材高挑、面容憔悴的年轻人，他戴着一副黑色墨镜、一顶黑色软呢帽，身着黑色西服，里面穿了件很正式的紫色丝绸衬衫。他的肩膀上挂着一只玩具猴子，戴着黑色皮手套的手里拿着一个小型设备，

① 波士顿动力公司（Boston Dynamics）是行业领先的机器人实验室，于2013年被谷歌收入囊中。

这个年轻人正用它控制着一只斗牛梗大小的蜘蛛机器人。站在他旁边的是另外一位男士，脖子上戴着一条饰有“DARPA”字样的挂绳，可能他就是旁边那个戴着遮阳帽的孩子的父亲。这时候，那个孩子正在奔跑、兜圈，躲避蜘蛛机器人的追赶。

在软银机器人公司（Softbank Robotics）的展位上，一位法国人正在努力劝说一台1.2米高的人形机器人去拥抱一个3岁的小女孩。

“Pepper，”他说，“请抱一下这个小女孩。”

“对不起，”Pepper用一种略带稚气的日本口音抱歉地回答道，“我不明白。”

“Pepper，”那个法国人又说了一遍，“你可以给这个小女孩一个拥抱吗？”

那个小女孩满脸疑惑，一言不发，闷闷不乐地紧抱着爸爸的腿。看起来，她似乎并不太想被Pepper拥抱。

“对不起，”Pepper又说，“我不明白。”

我突然对这个有趣的家伙萌生了一份同情，因为它那一双无辜的大眼睛、触控屏幕式的胸腔，以及它对人类话语的不解是如此人性化。

这个法国人有些尴尬地笑了笑，然后弯下腰，把嘴巴靠近机器人头部的听觉装置所在的一侧。

“Pepper！请，拥抱，那个小女孩！”

Pepper终于举起了手臂，依靠下面的轮子驶向了那个小女孩。孩子暂时停止了抵触，满腹狐疑地投入了机器人的怀抱，然后很快从它的怀里逃回了刚才的庇护所——爸爸的腿边。

法国人向我解释说，Pepper是一个人形机器人客服，设计初衷是为了“以自然而又平易近人的方式与人互动”。它能感受不同的人类情绪：从喜悦到悲伤，从愤怒到怀疑，而它自己的“情绪”则取决于触摸传感器以及摄像头接收到的数据。

“这主要是为了在顾客进门时，及时送去问候。例如，在手机店里，它会走近你，问你是否需要什么东西，或者向你介绍店里正在进行的一些特惠活动。它可能会和你碰一下拳头，或是给你送上一个拥抱。就像你看到的，虽然它还需要努力完善，但我们已经离成功很近了。你可能并不知道，想要解决拥抱问题是一件多么困难的事情。”

我问这位法国人，像这样的机器人是否最终会取代商店里的人类店员。他告诉我，这的确有可能，但是Pepper现在的功能只在“社交和情绪方面”：它是来自未来公司的形象大使，目的是为了让顾客适应人形机器人的存在。

“我们首先要打破这个障碍，”这位法国人说，“人们最终还是会习惯机器人的服务的。”我丝毫不怀疑这句话的正确性。我们现在不是已经习惯了超市自助结账通道——触摸屏和计算机化的语音提示，取代了那些需要支付薪水的人类收银员吗？

在DARPA机器人挑战赛之前，亚马逊在西雅图也举行了一场机器人竞赛。“亚马逊分拣挑战赛”给出的任务是，研发能够取代人类分拣员的机器人。这个目标听起来就非常贴合亚马逊的行事作风。一直以来，这家科技巨头因为给仓库工人的薪水太低而饱受诟病，它一直热衷于消除供货环节的各种中间人——比如书商、编辑、出版商、邮递员、快递员等。当时，亚马逊正计划启动无人机送货项目，也就是由机器人制造和包装的消费品在下单后30分钟内，可以由无人机交付到客户手中。

机器人不需要上厕所，不会感到疲劳，更不可能组建工会。

这简直就是技术资本主义逻辑的最终写照：不仅具备生产资料完全所有权，还具备劳动力本身的完全所有权。而卡雷尔·恰佩克的“机器人”一词就是捷克语中“被强制的劳动力”的意思。人体的形象和价值一直影响着我们思考机器相关事务的方式，人类总是能将人的身躯简化成由自己设计的系统的机制和组成部分。正如刘易斯·芒福德（Lewis Mumford）在大萧条早期撰写的《技术与文明》（*Technics and Civilization*）一书中所说的那样：

> 早在西方世界的人民求助机器之前，机械机制就已经作为社会生活的要素存在了。在发明家用发动机代替人类之前，人类领袖就已经在训练和组织大量人类了：他们发现了将人类简化为机器的方法。在鞭子的笞打中，奴隶和农民们把石头拉到了金字塔上，在罗马桨帆船中工作的奴隶都被拴在自己的座位上，除了有限的机械动作外，他们不能做任何其他动作，还有那些充满秩序的、整齐的军队行军以及马其顿方阵进攻体系，这些都是机械机制现象。将人类行为限制于纯粹的机械元素，这种做法即使不是机械学，那也属于机械时代的生理学。

最近，在世界经济论坛网站上，我看到了一个“机器人最有可能接手的20项工作”的清单。未来20年内，有95%以上的概率被机器淘汰的工作包括：邮递员、珠宝商、厨师、公司簿记员、法律秘书、信用分析师、信贷员、银行柜员、税务会计师和司机。

司机这个职业是美国男性人数最多的就业岗位之一，它也是被自动化侵蚀得最为严重的一个。第一届DARPA机器人挑战赛于2004年举行，初衷是促进无人驾驶汽车的发展。参赛的无人驾驶汽车需要完成穿越自巴斯托市绵延至内华达州边境的莫哈维沙漠，赛程总长度是240公里。这次比赛以惨败而告终。最终，没有一辆无人驾驶汽车完成要求。比赛中跑得离发令枪最远的那辆车，也不过只有12公里，然后它被一块大石块挡住了去路。最后，谁都没得到DARPA事先准备好的100万美元奖金。

转眼到了第二年，参赛队伍的水平突飞猛进。在第二届DARPA机器人挑战赛上，有5辆无人驾驶汽车完成了既定路线的驾驶，获胜的那个团队后来也成了谷歌无人驾驶车项目组的核心成员。如今，在这个项目的支持下，无须人手动控制的车辆已经能够成功地行驶在加利福尼亚的公路上。这些在坑坑洼洼的高速公路上行驶的豪华“幽灵汽车”，就是自动化未来的前兆。近年来不断蚕食着出租车市场份额的共享汽车服务商Uber已经公开表示，他们计划，一旦技术允许，就会用无人驾驶汽车取代所有的驾驶员。在2014年的一次会议上，该公司的首席执行官特拉维斯·卡兰尼克（Travis Kalanick）解释说：“Uber之所以贵，是因为你不仅仅要为车付钱，还得为车里的另一个人付钱。当汽车里没有其他人时，在任何地方搭乘Uber的成本，都显然比拥有一辆车要便宜。”

当被问及如何向这些车里的“另一个人”解释他们已经过时的事实时，卡兰尼克回答说：“看，这就是世界的运转之道，它并不总会顺着你的心意。我们必须找到改变世界的方法。”我听说，卡兰尼克今天就在波莫纳展览中心，他仍在探索如何进一步改变这个越来越对他有利的世界。

那个法国人问我，是否也想要个Pepper的拥抱。出于记者的习惯，我没有拒绝。

“Pepper，”他说，“这位男士想要一个拥抱。”

我在Pepper冷漠的凝视中发现了一些矛盾的东西，但它还是举起了手臂，我向它弯下了腰，让它以一种不自然的方式把我包围了起来。坦率地说，这并不是一次令人难忘的体验。我感觉，我俩都在用自己的方式敷衍了事。我轻轻地、有些被动地拍了拍它的背，然后就分开了。

我们“精神上的孩子”

卡内基梅隆大学机器人学教授汉斯·莫拉维克预测的未来是这样的：“质优、价廉，机器人会凭借这两大优势，在很多基础工作中取代人类。不久之后，它们甚至可能会抹去人类的存在。”但作为一个超人类主义者，莫拉维克并不认为这是一件多么让人担心，或是需要去避免的事情。因为这些机器人将会成为我们的演化继承人，是我们“精神上的孩子”。正如他所说的那样：“它们是根据我们的形象和喜好建造出的更强大、更有效的人类形式。就像之前的那些生物后代一样，从长远来看，它们将是体现人性的最好办法。当人类无法再做出贡献时，就该考虑把所有这一切好处都拱手让给它们，然后鞠躬谢幕。”

很明显，有关智能机器人的想法让人既害怕又想笑，激起了我们对无限力量和惨遭淘汰的狂热幻想。科学技术带来的想象力让我们把普罗米修斯式的焦虑，投射到了机器人身上。从波莫纳展览中心回来几天后，我读到一则苹果公司联合创始人史蒂夫·沃兹尼亚克在一次会议上发言的新闻：人类注定要成为超级智能机器人的宠物。但他强调，这并不一定是个特别不理想的结果。他说：“实际上，这对人类来说真的是一件好事。机器人那么聪明，它们知道自己必须保持自然的现状，而人类也是自然界的一部分。”他相信机器人会以礼貌和慷慨的态度对待我们，因为人类是“原初之神”。

有关创造的幻想似乎是人类这一物种最古老的集体意淫之一。这似乎是我们自身的一部分，是我们跨越不同文化、穿越了上千年历史都不曾丢弃的东西，是人类想要按照自身的愿望来复制我们的身体和行为，并雕琢出一个新硬件的梦想。我们是沮丧的神，一直梦想着以自己的形象为蓝本创造机器，然后再以这些机器的形象为依据重塑自我。

希腊神话中有属于自己的自动机器人——“活”雕像。人们之所以记住了那个悲催的工匠代达罗斯，主要是因为他为人类进步所做的一系列灾难性的努力，比如迷宫、蜡制的翅膀、悲残却有教育意义的溺水。但代达罗斯同时还是机械人的制造者，可以打造出能够行走、说话、哭泣的“活”雕像。掌管火焰、金属与技术的匠神赫菲斯托斯（Hephaestus）制造了一个名叫塔洛斯（Talos）的青铜巨人，用它来保护被宙斯绑架的欧罗巴（Europa），以免再次遭受其他人的绑架。

中世纪的炼金术士们痴迷于凭空造人的想法，认为有可能把人类变成一种名为“人造人”（homunculi）的小型人形生物。他们坚信，这可以通过用母牛子宫、硫磺、磁石、动物血液和精液（最好是炼金师自己的）等不同物质，利用一种神秘的做法来完成。

相传在13世纪，哲学家圣·艾尔伯图斯·麦格努斯（Saint Albertus Magnus）曾经借用推理和演讲的力量，建造了一座金属雕像。按照那时较为流行的说法，这个炼金术士打造的人工智能，也就是麦格努斯所谓的“人形机器人”（Android），遭到了他年轻的学生圣·托马斯·阿奎纳（Saint Thomas Aquinas）的暴力对待。在阿奎纳看来，这个人形机器人断断续续的唠叨非常可疑，而更成问题的是，它明显来自某种与恶魔的契约。

在文艺复兴时期的欧洲，钟表已经变得越来越普及。启蒙运动清除了笼罩在科学领域上空的神秘谜团，也让人们慢慢对自动机器人产生了浓厚的兴趣。15世纪90年代，可能是因为受到阅读古希腊自动机器人相关资料的启发，凭借着在解剖学方面的研究经验，达·芬奇设计并打造出了一个机器骑士。这个自动机器人是一副内部装有线缆、滑轮和齿轮的盔甲，它被广泛认同为世界上第一台人形机器人。这个机器骑士放置在卢多维科·斯福尔扎（Ludovico Sforza）家里，他就是那位曾委托达·芬奇绘制《最后的晚餐》的米兰公爵。这个机器骑士能够完成一系列的活动，包括坐下、站立、招手，并可以通过移动盔甲下颌来模拟讲话的样子。

笛卡尔在《论人》（*Treatise on Man*）中写到，我们的身体从本质上来讲是机器，是被神圣的灵魂或魂魄所占据并控制的肉体与骨骼。由于畏惧当局反对这本书中的中心论点，他至死都未出版过这本书。在这本书题为“关于身体的机器”的第一部分，将人体内部运作机制与当时流行的钟表运作机制进行了清晰的类比：“我们看到钟表、人造喷泉、磨坊以及一些其他类似的机器，它们都能够以各种各样的方式自主运动，即便这些东西是人造的。另外，因为我认定这台机器是由神制造的，所以我想你会同意，它能够做出的动作比我能想出的还要多，而且它能够表现出的创造力也远超我们的想象。”笛卡尔希望我们这样看待人类自身：人类的每一个方面，或者说所有的“功能”（包括激情、记忆和想象）都“完全遵从身体这部机器的器官所给出的限制，这正像钟表或其他自动化机械的运作要遵从其平衡物及轮子的限制条件一样，是非常自然而然的事情”。

《论人》这本书之所以读起来会让人觉得怪诞又略显含糊，更多的是因为它的写作方式，而并非它所传递出的机械论的信息。与其说这本书是一部哲学著作，倒不如说它是一部直截了当的解剖学著作，读起来像是某种技术入门指南。笛卡尔一直坚持将身体及其组成部分称为“机器”，这一点带有一种强烈的疏离效果。阅读这本书时，你会感觉自己与身体相距越来越遥远。你的身体就是装载了互相关联的自动化系统的一幢大厦，是你自己赖以栖居并能够支配的一部柔软的机器。这种想法似乎极度荒谬又极度熟悉，这一点正说明，在过去的几个世纪里，针对人类与自己身体之间的关系，笛卡尔的二元论已经成了一种严格的矫正结构。“我们”和“我们的身体”之间的区别是明了的，这似乎是他的哲学压倒性地影响了我们对自身这些机器的看法而导致的结果。

笛卡尔也曾忧心于独属于现代或后现代的关注点，即机器可能超越人类而引发的焦虑。在《方法论》（*Discourse on Method*）一书中，笛卡尔将自己严格的怀疑态度，瞄准了当时流行的自动机及其认识论。他眺望窗外，目光看向了楼下过路的行人。“在这种情况下，我并不会去说我看到了他们自身，”他写道，“也就是说，我透过窗户看到的，除了帽子和斗篷，可能还包括它们遮盖着的人造机器，它们的运动也许是由弹簧控制的。”如果你认真对待自己的怀疑，或者换言之，假若你有勇气坚持自己的“唯我论”，那么你还有什么理由相信大街上的那些人，或者为你驾驶优步汽车的司机，并不是真正的机器，也不是一个像人类一样繁衍的复制品呢？

1747 年，笛卡尔辞世后大约一个世纪之后，法国哲学家拉·梅特里（La Mettrie）撰写了一本备受争议的小册子《人是机器》（*L'Homme Machine*）。在这本书中，梅特里迈出了比笛卡尔还要激进的一步，他甚至完全放弃了“灵魂”的概念。与笛卡尔向世界介绍普通动物时一样，梅特里将人类这种生物单纯地视作机器。在他看来，人体就是一种“自动上发条的机器，是一种永恒运动的生命表现形式”。梅特里受到了法国发明家雅克·德·沃康松（Jacques de Vaucanson）的作品的影响。沃康松最著名的发明当属机械鸭子——它可以被投喂谷粒，具备代谢和排便功能。“要不是沃康松的排便鸭，”伏尔泰曾敏锐地察觉到，“我们可能找不到别的东西来回忆起法兰西的荣耀了。”沃康松也曾制造过类人的自动机，不过它们的任务并不是消化、排便，而是一些更文雅的任务，比如演奏长笛或敲打手鼓。

正是由于沃康松发明的普及，“人形机器人”这个词才真正出现。在德尼斯·狄德罗（Denis Diderot）和达朗贝尔（D’Alembert）的《百科全书》的第一卷中，有一段对沃康松的自动长笛手的长篇的详细介绍，题为“Androïde”，也就是“人类形式的自动机械，它通过使用固定的弦，还有其他一些方法，来执行与人类行为类似的一些外在功能”。

在《人是机器》一书中，梅特里笔下的自动机雏形不仅会耍一些小把戏。“如果相比于显示、告知人们现在的时间机器设备，”他写道，“我们需要使用更多的工具、齿轮、弹簧来制造能展示行星运动的机器；如果说沃康松制造自动长笛手比制造那只机械鸭用的心思更多；那么，想要制造出一台能够说话的机器，他可能就需要做比前述的机械更复杂的设计了。有这样一位现代版的“普罗米修斯”摆在眼前，人们就不再会认为这是天方夜谭了 。”

1898 年美西战争时期，当美国海军的军力在加勒比海和太平洋遭遇实战检验时，发明家尼古拉·特斯拉（Nikola Tesla）在纽约麦迪逊广场花园的一场电气展览上，展示了自己的新设备。这是一艘微型铁船，特斯拉将它放置在一桶水中。麻雀虽小，五脏俱全：这艘小船配有能够用于无线电波接收的桅杆，特斯拉可以在舞台的另一端通过无线控制器来对它进行操控。这次展示让公众备受震撼，特斯拉和他的自动船一时间登上了美国各大报刊的头版。考虑到当时的历史环境，这一设备立刻就被认为是海战技术的一次飞跃。根据 1944 年约翰·奥尼尔（John O'Neill）所著的《天才浪子》（*Prodigal Genius*），有学生曾对特斯拉说，如果将这种船的船身里塞满鱼雷和炸药，并进行远程引爆，它将变成一件非常强大的武器。特斯拉听闻后厉声驳斥道：“你不该把它看作无线操控的鱼雷，这是机器人，是能够代替人类进行艰苦劳动的机器人。”

特斯拉深信，这种“机器人种族”的发展将对人类的生活、工作以及战争带来变革性的影响。“这种进化，”他于1900年写道，“在机器和机械机制中越来越突出，只需要极少数的人参与战争……以最快的速度来运输能量，是战争设备的主要目标。这将会减少伤亡人数。”

1900年6月，特斯拉记述了自己创造人形机器人的雄心，在引援将自己视作机械仪器的论调时，他同时也响应了笛卡尔和梅特里的观点：“令我无比满意的是，我每天一点一滴的思想、行为、表现，都证明了我是一台自动机器，并且被赋予了运动的力量，而且仅仅对外部那些刺激感官的事件才会做出反应，然后进行相应的思考和行动。有了这些体验，我自然而然地就生出了一个关于建造自动机器人的想法，这个机器人能够代表我，像我一样（当然它会更为原始地）回应外界的影响。”

特斯拉推测，这种机器人“将能够以人的方式做出各种动作，因为它具备所有与人相同的主要元素”。而对于极其缺乏意识这一“要素”问题，特斯拉提出了一种借用他人思想的解决方案。“至于这个元素，”他写道，“我可以很容易地将自己的智慧、理解传达给它。”特斯拉关于机器人的中心思想是，能够通过自己控制小船的方法来控制机器人。他为这种方法起了一个不是很优雅的名字——“telautomatics”，指的是“一种远程控制机器运动和行动的方法”。

不过，特斯拉确信，我们有可能制造出不需要借用人类思想的机器人，它们具备独立思考的能力。15年之后，他在一篇并未发表过的声明中写下了这样一段话：“远程遥控自动机器终将诞生，它们将会拥有自己的智慧，它们的到来势必会掀起一场革命。”

迈向没有人类的未来

在莫波纳展览中心度过的那两天，我看到了促使我思考上述革命是否即将到来的东西。可以明确的是，机器人挑战赛的前提是这些机器人迟早有一天会代替我们的身体，取代这些由血肉和骨头构成的“机器”。在赛场上，当其他更为复杂的人形机器人竞技角力时，我看到了一个用于处理炸弹的机器人，它的手臂运动和它身后的技术团队实现了完美同步，它打开了帆布包的拉链，从里面取出了塑料包装的糖果，用自己的方式把糖果分给路人——这是特斯拉远程遥控设备的一个强有力的实例。现在，我们距离特斯拉关于机器人种族“代替人类完成艰苦劳动”的梦想还有一定的距离。但是，几乎毫无疑问的是，最强有力的资本正在推动这一切的发展。这一趋势的一个强有力的证明来自一家以“特斯拉”命名的公司：这家硅谷电动汽车公司的整个生产线几乎全部实现了自动化，它的首席执行官叫埃隆·马斯克，就是那位曾经公开表达过对超级智能的担忧的马斯克。特斯拉公司已经开发出了自家的自动驾驶系统。

虽然我没能亲眼见到马斯克，但我听说，他也在展览中心的赛场观察机器人的表现，并会见了那些天才工程师。我还听说，谷歌联合创始人拉里·佩奇（一位非常值得注意的“奇点人”）也从山景城来到这些机器人之中。谷歌给机器人的未来投入了一笔相当可观的资金。2013 年，谷歌斥资 5 亿美元收购了波士顿动力公司，这家公司以前主要依靠 DARPA 的资助，曾经打造出了不少神秘机器人，比如大狗、猎豹、沙蚤、小狗机器人等。波士顿动力公司生产的阿特拉斯（Atlas）机器人，也正是这次 DARPA 机器人挑战赛中一些团队使用的硬件设备。

在距离赛场几百米远的一个大型机库建筑中，机器人的幕后工程师团队正在紧张地遥控指挥。一支来自波士顿动力公司的技术团队也在这里严阵以待，准备去处理阿特拉斯机器人的故障。

波士顿动力公司和它那些怪异骇人的“机械动物”，本身就是五角大楼和硅谷的混合物。这家公司的机械产品是一种全新的军事工业的综合体。谷歌与DARPA之间的联系广泛且影响深远。DARPA前任负责人雷吉纳·杜甘（Regina Dugan）已经告别了政府的工作，现就职于谷歌山景城总部，领导着一个名为“先进技术和项目”（Advanced Technology and Projects Team）的团队。

有那么一段时间，我沉迷于波士顿动力公司生产的机械动物。20世纪90年代初，马克·莱伯特（Marc Raibert）创立了这家机器人公司。莱伯特曾在卡内基梅隆大学机器人研究所与汉斯·莫拉维克共事。在过去几年里，我曾经强迫症一般地不断观看这家公司在社交网站上公布的最新顶尖机器人产品的宣传视频。我发现，这些机器人会让我产生一些微妙的不安全感，这种不安来自它们那与生物不同的生命形式，以及那看起来与生物很相似的外貌。比如，看着“大狗机器人”用它那像昆虫一般冰冷无情的眼睛注视着冰块时，或是“夜猫机器人”那令人不可思议的由液压机械带动的盛装舞步时，我会产生一阵强烈的恐惧感，也许是出于一种本能的对被捕食的恐惧，也许是考虑到这些机器人的制造公司曾由五角大楼资助，并被世界上可能是最强大的科技公司收购。

硅谷极客组织的说辞总是浸泡在一种反主流文化的理想主义中，比如改变世界，让一切变得更好，打破成规等。但实际上，它的根基深深地扎入了血腥味十足的战争土壤中。正如丽贝卡·索尔尼特（Rebecca Solnit）所言：“硅谷的故事很少提及与美元和武器系统的关系。”

硅谷的第一大成功案例是惠普公司，它正是一家军事承包商，该公司创始人戴维·帕卡德（David Packard）曾任尼克松的国防部副部长。索尔尼特指出，帕卡德在任期内最重要的贡献是“推翻了阻止实施戒严令的法案”。

我意识到，我对波士顿动力公司制造的这些类似于人的机器人和机械动物的反应有些偏执，甚至是过于激烈。但我并不能对这些反应视而不见。从大脑皮质以下的层面来说，我对这些机械动物以及它们代表的意义是抗拒的，我身体中一些原始的、人性的部分，让我想立刻抄起锤子将它们一一砸碎，这很像当年那位年轻的托马斯·阿奎那毁掉麦格努斯的自动机器的举动。换句话说，我对它们罪恶的起源和目的产生了一种模糊不清的迫切感。

然而，我意识到这是一种政治上的偏执，已经越来越不合时宜了。这是针对20世纪的政府治理方式做出的表态，既过时又无意义。而在当时，这种治理方式之下的人们充其量也不过是对官商勾结的行为和政府的不良企图表达一下疑虑而已。偏执是指对所发生的一切做出过分的解读。如果你是一个偏执的人，那就意味着你相信一些天方夜谭般的骗人的事情。这就像那些盲目轻信、多愁善感的人，他们会用关于秘密世界政府的坊间传闻，用变形蜥蜴这类毫无根据的言论来安慰自己。对偏执的人来说，唯一合理的回答就是："听着伙计，你有些杞人忧天了，你调查过整个资本交易吗？"你能从公开渠道获取事情的真相，这或许已经足够让你与之和平共处了。

1924年5月，美国流行科技杂志《科学与发明》(*Science and Invention*)的封面上印着一个巨大的红色机器人，这个东西看起来像是用特大号热水箱、带关节的腿和用履带代替的脚组装起来的。它没有手，只有两根呼呼作响的圆棍子。这个红色机器人眼睛里的那盏耀眼的黄灯凝视着不远处的一大群人——他们的尖帽子从头上飞起，眼睛里充斥着对机器人攻击的恐惧。《科学与发明》杂志中的一篇题为《无线电操控的机器人警察将成为可能》(*Distant Control by Radio Makes Mechanical Cop Possible*）[①]的文章，详尽地描述了这种对执法机构的想象：它腿上有稳定的陀螺仪，胸腔里有无线电控制柜和油箱，它那阴茎一样的东西是催泪瓦斯管，而肛门的管道则是它的排气口。后面的一张插图显示了一个由高大的机器人警察组成的方阵把一群抗议的工人驱散开，画面的背景是荒凉的烟囱、冒着烟的黑色磨坊。

我们可以确定：“这样的机器人对于驱散暴民，或者实现战争和工业上的目的，有着非常高的价值。为对抗暴徒使用的催泪瓦斯存储在一个加压容器中。如果有必要的话，机器人能够快速撂倒暴徒。机器人的手臂上装有旋转圆盘，上面装着可以灵活发射的铅弹。这些可以在实际行动中充当警察的威慑手段。”

这种赤裸裸的法西斯式幻想暴露了自身的荒谬。这幅画面描绘出了国家暴力机器人为了保护资本利益，残酷地镇压劳工组织，残忍地碾压那一个个隐藏在帽子下的脆弱头骨中的羸弱的人类意愿。这就像是我曾读到过的劳工组织的战前恐慌：这是一个被反转的弗兰肯斯坦式的场景，在这个场景中，机器人那畸形、可怕的身体，也就是霍布斯笔下的“人造人”，被征召去参与到严格的意识形态钳制中去。就像法国哲学家格雷瓜尔·沙马尤（Grégoire Chamayou）在《无人机理论》（*A Drone of the Theory*）中所写那样，“机器人警察”代表的梦想是“建立一股无形的力量，一种没有人体器官的政府机构，它们用机械工具来代替老旧的主体。如果可能的话，它们会成为这里唯一的代理人”。

---

① 这篇文章的作者和杂志出版商是卢森堡裔美国发明家兼企业家雨果·根斯巴克（Hugo Gernsback）。他之所以会被视作现代科幻小说的创始人，主要是因为他创办了全球第一本科幻杂志《惊奇故事》（*Amazing Stories*）。在世界科幻大会上，以他的名字命名的年度大奖会颁发给取得杰出贡献的作家。就像历史上很多成功的商人一样，根斯巴克并没有精力关注工会，似乎在他的眼中，这些挑事的工会成员就应该被那些机器人警察喷射出的催泪瓦斯搞得老泪纵横。

即便当我在 DARPA 机器人挑战赛上为机器人欢呼的时候，在我嘲笑它们蠢笨的样子的时候，在我停留在波莫纳展览中心的那段时间里，机器人技术带来的不安之感一直萦绕在心头。我感觉自己正注视着它们蹒跚地迈向没有人类的未来。

当我离开这些机器人，离开我的人类同胞的智慧创造出的“孩子”时，当我走出看台，根据 iPhone 屏幕上的位置寻找我叫的那辆 uber 时，我突然意识到，自己的动作和行为也带有机械的性质。我感觉到了腿部的关节结构——关节的球状连接、内收肌以及外伸肌。一时间，我竟然觉得，整个过程仿佛没有受到任何意识的驱动，仿佛这个正在运动的躯体不过是某个巨大的未被揭露的模式的一部分，不过是某种受控系统中的一个组件。这个系统中还包括优步司机、飞奔而过的汽车、洛杉矶的高速公路、在智能手机屏幕上展示这些现象的图片、盯着屏幕的眼睛、这些信息、代码以及世界本身，还包括其他一些东西。

这不是我第一次突然感觉到，自己可能会失去理智，可能会屈从于一些奇怪的错觉。问题的起因可能是我自己频繁地暴露在人形机器人前，以及经常接触到关于人类自身的机械论观点。这种观念是说，我是一台机器，或是处在一个包罗万象的巨大装置中，是一个不重要的机制。这要么是一种谬论，要么是真理。无论如何，它能够聚集动力，并在我即将遇到的那些机械人类，或者那些自称“半机械人”的人那里激起一种不可思议的反应。

08

成为半机械人，逃离衰老与死亡桎梏的必然

人们认为，有些东西对于人体而言是更为自然的，因此这些事物在某种意义上更为真实、更为可信。

老斯托本维尔路是一条绵延的乡间小道，毗邻匹兹堡市中心通往机场的高速公路。沿着这条路走一小会儿，你便能看到一家从20世纪50年代起就废弃的小汽车旅馆，旅馆破败的窗户和木门上爬满了厚厚的绿色植物。在大自然缓慢而坚定的“占领”过程中，这家旅馆成了某种衰败中的美国史的化身。旅馆的隔壁是一间小木屋，它的前廊挂着几张帆布吊床。

如果你驱车经过这里，打算去酒铺买上一箱啤酒，可能会注意到那些躺在吊床上休憩或倚靠着草绿色木门的人。不过，即便你确实注意到了他们，可能也并不会觉得他们有什么不同；你或许会觉得，那不过是一群闲坐在门前抽烟的家伙，一群在享受西宾夕法尼亚习习微风的无所事事的人。你可能怎么也不会把他们和半机械人联系起来，至少这群人自认为是半机械人。他们刚刚从那间木屋的地下室走出来透气，而那个地下室就是他们的根据地，他们在那里打造着能够超越人类动物特性的技术。

现在，让我带你简单了解一下这个地下室。2015年夏末，我曾在那里与这些半机械人度过了几个让人着迷的午后和夜晚。这个地方看起来其貌不扬，并不像是一个能够创造未来的地方。好吧，这里本来可以整洁一些的，只可惜，东西杂乱无章地摆放着，脏兮兮的残迹随处可见：被拆开的硬盘、报废的显示器、空啤酒瓶、纸箱、被遗弃的健身设备，凡此种种，全都罩上了一层薄薄的灰尘。我刚到这里的第一个晚上，地下室的“居民们”正聚在一起，地上铺开了一个崭新的塑料横幅。怀着一股浓厚的集体自豪感，他们将这条横幅钉在摆满了各种电子设备（笔记本电脑、半导体、电池、电线、示波器）的长桌上方的墙壁上。横幅上除了以颇有未来风的字体印着“磨房湿件”（GRINDHOUSE WETWARE）这4个字外，还印有一幅红白相间的人脑形状的芯片电路图。

从磨房湿件的网站上可以看出，这里聚集着一群致力于实现“安全、便易的开源技术以增强人类能力”的人。他们设计制造的设备，可以经由皮下移植，提高人体的感知和信息处理能力。磨房湿件是这一领域当之无愧的最前沿的团队。他们是一群大多活跃在网络上的生物黑客，或者叫“实践派超人类主义者”。他们不会坐等奇点发生，或等待超级智能成为现实，并将人类大脑的信息（他们所谓的湿件）吞并的那一天，而是着手借助现有的方法，竭尽所能地与技术相融合。

实际上，这家公司那段时间刚刚获得了一笔数额不菲的投资，为此，这里的空气中仿佛弥漫着一种释怀和成就感，就像这个夜晚一样，半机械人的未来变得有些清晰起来。汇款刚刚打入公司的银行账户，这是磨房湿件首席信息官、实际领导者蒂姆·卡农（Tim Cannon）在柏林进行演说后筹得的资金。

拥抱技术，让自己成为机器

一天晚上，我在匹兹堡奥克兰社区的一个叫作技术工坊（TechShop）的创客空间里，结识了卡农和他的几个同事。那时，他正在那里参加一档由美国国家公共电台（National Public Radio，简称NPR）录制的专题对话节目。这是我们在用电子邮件和Skype交流近一年后，第一次真正意义上的见面。而且以前的那些通信内容大部分也都是经磨房湿件公关总监瑞安·奥谢（Ryan O’Shea）之手编辑过的。奥谢本人也一同出现在这次讨论中，随行的还有他们那位颇有天赋的、自学成才的电气工程师马洛·韦伯（Marlo Webber），这位年轻的磨房湿件员工刚刚从澳大利亚东北部搬到了匹兹堡，为的就是能够和奥谢共事；自从搬到这里后，他就寄住在卡农家。最终，磨房湿件给他提供了一份薪水可观的工作，足够支持他的工作签证申请。

这些绅士看起来并不像半机械人，尽管我觉得读到这里，你们可能会更好奇半机械人长什么样。或许这么说更贴切，他们看起来甚至并不是很像极客。奥谢怎么看都更像是个在独立电影制作工作室中工作的家伙，或者是曾经在国会山做过议员的人：他拥有一头整齐的金发，戴着一副黑框雷朋眼镜，穿着一条米黄色低腰裤和一件格子花纹衬衫，穿着风格介于时尚潮人和学院风之间。韦伯穿着紧身牛仔裤、黑色牛仔衬衫，他有着一副桀骜不驯的年轻面庞，那张嘴似乎永远定格在了似笑非笑的状态，就好像正品味着什么荒谬的事情，正在权衡是否应该将刚刚想到的一段自作聪明的评论咽回去。

卡农的整个事业核心就是激进的自我改造，他看起来就像是在 16 岁青春期时就认定了自己的美学观念，然后从 20 世纪 90 年代起，一直贯彻至今。他戴着黑色平顶帽，穿着公司的文化 T 恤、一双厚实的滑板鞋和一条绿色短裤——右腿上露出的文身是一个拿枪指着自己脑袋的有点朋克的卡通形象（留着莫西干发型，身穿死亡肯尼迪 T 恤）；他的左臂下方有一个文身，描绘了一个被圆形齿轮环绕的 DNA 双螺旋结构。这个图形代表了卡农对智人的机械论观点（对人类遗传代码进行打磨），它被刻画在一条令人触目惊心、如树皮般粗糙的疤痕的上方。这是自去年卡农将 Circadia（意为“生理节奏”）设备植入自己身体 3 个月后所产生的影响；这个设备每隔 5 秒就会记录一次他身体的各种生物数据，并通过蓝牙将数据传输到他的手机上，再上传到互联网。这样就可以根据他的体温变化，调整房屋的中央供暖系统。

当你见到卡农时，就会发现很难对他前臂表皮下方凸起的扑克牌大小的物体视而不见。在注视这种技术渗透的奇观，审视肉体和机器的暴力结合时，你可能会觉得头晕，甚至恶心。植入这样的装置，需要先在身体上切出一道很长的口子，随后将上层皮肤与下面的脂肪组织分离后提起，从而生成足够大的张口，再将设备植入体内，最后拉伸并且闭合这一设备上方的肉，并缝合伤口。因为没有哪位医生会被允许进行这样的手术操作，所以整个过程都是在柏林由一个人体修正“血肉工程师”完成的。卡农这种手术的操作方式活剥狗皮，这意味着全程都没有注射麻醉药剂。

“大概用了 90 天。”卡农说，“真的就是这么久。”

我们坐在屋外的扶手椅上休息，而屋里，美国国家公共电台的工作人员们正在为一会儿的讨论做准备，他们在桌上摆放好了爆米花、矿泉水和精酿啤酒。

> 在头几个星期，我身体里流出了很多液体，所以必须定期排液。除此之外，还必须服药，防止身体对这个设备产生排异反应。那段时间，我处在一种持续的偏执状态中，觉得头部有刺痛感，甚至开始觉得自己的大脑被电池泄漏到血液中的化学物质毒害了。之后，我总是会打喷嚏，而我只能自我安慰说，好吧，我可能只是打喷嚏而已。

人们会问卡农，为什么要把植入装置 Circadia 做成这么大的尺寸。他回答，因为自己压根就没想尝试把它做小。它的诞生只是为了确认这种技术是否能在身体里按照他们希望的方式运作。事实也印证了这一点：卡农的装备虽然看起来很恐怖，但工作得还算不错。现在，他们在研制一款更新也更精巧的设备，希望在成为半机械人时，不需要再那样大动干戈地植入大得可笑的设备。

卡农向我讲述了自己艰辛的日常工作，包括白天在一家软件代理商做程序员工作，晚上在地下室研究磨房湿件的东西。他也有一双儿女，儿子 9 岁，女儿 11 岁，在结束了与前妻的那场旷日持久的离婚官司后，他争取到了孩子的监护权。如此繁多的事务，对他的直接影响就是，根本没有多少时间睡觉：白天，他会花 20 分钟小憩，共两次，晚上一般在 1:00 ~ 4:00 睡上 3 个小时。

卡农提到，这些都与系统有关，与理解和操纵它们有关。这里他所说的系统，包括时间系统、躯体系统以及生命系统。

一位穿高腰裤、踩着凉鞋的中年妇女在我们附近踱步。她有一副古灵精怪的精致面庞，头发被紧紧地扎好。她是这次讨论中要与卡农对话的两个人中的一个，名叫安妮·赖特（Anne Wright），是卡内基梅隆大学的教授。赖特曾积极参与了量化自我运动（Quantified Self Movement），这项运动的拥护者会使用科技手段去记录、分析每天的生活。卡农告诉她，他已经开始尝试量化自我运动了。他买了一个可穿戴设备来记录自己的每一个动作，并且把数据传输到云端，方便后续分析。他坦言，虽然自己对量化自我运动产生了浓厚的兴趣，但仍然对它有所怀疑。

“你确实需要尽可能多地去收集跟自己生活有关的数据，”赖特对他说，“然后分析出应该如何利用这些数据来优化自己。”

“是的。”卡农回应道，“但我想把‘人’这个词完全排除出去。人们做决策的能力着实让人不敢恭维，这就好比我对全自动驾驶汽车的态度。人们会认为，‘哦，你不能把人类排除在外。因为我是人，而且还是一个很棒的司机。’然而我会说，‘哦，人类，你才不是什么好司机，而是一只猴子，猴子才不懂应该如何做决策。’”

赖特敷衍地笑了一声。卡农的话似乎让她有些不舒服。我怀疑这种不适可能是对卡农说话方式的一种反应，这种方式揭示了量化自我运动机械论的原则。卡农认为，人类自身能够被还原为可解释的事实和数据，由此自身行为也能被解释，进而产生更多数据。由此一来，人类就变成了“输入和输出”的反馈回路。

“据我所知，”卡农接着说，“我们这种比黑猩猩在演化之路上强不了多少的生物，已经优化过的地方并没有多少是有价值的。我们没有足够强大的硬件来让自己变成想要的样子。我们现在拥有的硬件非常适合在非洲大草原上敲开动物头骨。可是对于我们如今所生活的这个世界来说，它们并没有多大用处。这就是为什么我们需要去改变自身的硬件。”

与许多超人类主义者一样，卡农常常用非洲大草原来作暗喻，去强调我们的躯体与这高度发展的世界之间还有很大的鸿沟。

“这家伙就像某种可以引经据典的一架机器。”在等待他们的圆桌讨论开始时，我对韦伯说。说话间，我揉捏着自己的手腕，按摩着那带来粗陋的技能的韧带、软骨，以及位于它们下面的腕骨机制的载体。

“我写字的这只手已经要完蛋了，”我说，“也许你们可以把我改造一下，给我的身体升级一个转录工具出来。”韦伯笑了起来，向我展示了他手里植入的那个 RFID（无线射频识别）芯片，他用食指在芯片上面的那薄薄的一层皮肉上来回摸索——芯片的尺寸和形状大致如一个感冒胶囊。从理论上来讲，这让他只需挥挥手，就能解锁 Hack Pittsburgh 的大门，Hack Pittsburgh 是他们的一个配有高端设备的实验室空间。不过作为新员工，韦伯还没能获得通行权限，所以这个芯片基本上只是一个摆设，一个等待命令的休眠中的工具。

这次讨论的议题是“美国的半机械人：数字时代的机器人与公共政策”，与赖特一起出现在圆桌旁的是一位穿着优雅的男士，名叫维托尔德·“维克”·瓦尔恰克（Witold “Vic” Walczak），他是宾夕法尼亚州美国公民自由联盟（American Civil Liberties Union, 简称 ACLU）的法务主管。主持人是美国国家公共电台的乔希·劳拉逊（Josh Raulerson），他在会议室中这样介绍了卡农：“我可以肯定地说，在座的几位有一个是半机械人。”然后他看向卡农，询问这么说是否妥当，或者他是否说了什么不恰当的字眼儿。

“没有，这是一个很好的标签。”卡农说着，耸了耸肩。

在大数据以及当代人类作为信息流通的汇集点这两个话题上，与会者中有些争议。赖特长篇大论地宣泄了自己对个人信息被滥用的不满，在她看来，一群公司使用收集到的与她有关的信息，预测她可能想要购买的东西，或是预测她想去哪里旅行，这让她很不自在 。卡农却说，使用人类和利用人类之间是有区别的。他不明白为什么每个人都对被人预测这件事表现得如此矫情。

“我认为，这可能冒犯了人们把自己当成一朵独一无二的小花的想法。可我们其实是动物，是有行为模式的动物啊。所以听到任何‘我们可以被预测’的言论时，我们就觉得自己被冒犯了。”

赖特说：“我可没法被预测。”当然了，她也如人们所预测的那样生气了。

“每个人都是可以被预测的。”卡农说，“只要信息量足够大，处理能力足够强。”

这时，卡农引用了“情节设置”（Emplotment）这个学术概念，即一个人在某种外部设计中被“情节化”，使用这种“情节化”的叙事场景是由他人而非主角设计的。“这种将人的模式进行归总的做法是有问题的，”他说，“它只是让我们成为别人情节设计中的角色而已。”

我注意到，韦伯大口大口地吞咽着免费啤酒，在这场令人厌烦的争论中摇了摇头。

卡农说："如果一台计算机能够以 99.999% 的准确率，从你的购买行为或搜索引擎数据中预测出你怀孕了，那么，这就不是'情节化'，而是一个事实。我们是一些决定论的机制。问题是，大多数人犯了自我拟人化的错误，认为自己有自由意志。"

后面这一句，卡农故意说得很慢而且抑扬顿挫。这房间里大约有 50 来个听众，不过，他这句箴言只逗笑了半数的人，在这些笑声中，有窒息般的大笑，有不安，也有对不确定的事物流露出的兴趣。

卡农说，我们对隐私的需求，源自动物本能。如果我们拥有更高级的大脑，就不会再去做寻求隐私保护的傻事了。他说，一个可行的解决方案是进入大脑，然后消灭那些不再有用的残留行为。之所以还没有做这件事，是因为现在我们演化的速度不够快。

"我的意思是，我们还在以一种不可持续的速度快速繁殖着，并吞噬着所有的资源。我们的性欲维持在了冰川时期的水平，可当时大约 1/4 的新生儿都会在诞生的时候死掉，有时还会顺便带走他们那些难产的母亲。可现在早已沧海桑田，时过境迁。然而，我们在座的每一个人对性生活还是很有兴趣。对吧？"

又是一阵局促不安的笑声。瓦尔恰克对着观众尴尬地笑了笑，谢奥在座位上挪动了一下。

"但愿这不是直播。"卡农说，"是直播吗？我刚刚脑子里想到什么就说什么。"

血肉是一种必亡的存在形式

在匹兹堡期间，我大部分的时间都花在了听卡农和他的磨房湿件同行的演说上。我发现，他们激进的雄辩言辞会促使自己对本来不确定的立场采取一种防御的态度。从某种意义上来说，他们的整体思想就是美国传统的“自我改善”的信仰，只不过他们做得更激进，完全抹杀掉了“自我”的观念。这种自由人文主义概念的最冷酷的外延便是这样一种自相矛盾的含义：如果我们真想变得比现在的自己更好，即更有道德感，能更好地控制自我、掌控自身命运，就需要放弃伪装，承认自己只不过是奉演化之令而运作的生物机器，承认在我们所勾勒出的那种未来世界的宏伟图景中，丝毫没有现在这个版本的自己的立锥之地。如果我们不想仅仅作为纯粹的动物而存在，就需要拥抱技术的潜力，让自己成为机器。

虽然“半机械人”的概念与科幻电影颇有渊源，与菲利普·迪克（Philip K. Dick）和威廉·吉布森（William Gibson）有关，与《机械战警》（*RoboCop*）和《无敌金刚》（*The Six Million Dollar Man*）有关，不过，它真正的起源其实是在战后的控制论领域。这个领域的开山鼻祖诺伯特·维纳将之定义为“这是包罗万象的控制和通信理论，既包括机器，也包括动物”。在控制论的后人类视角中，人类既不是为了自身目的而自主行动的个体，也不是追逐自身命运的自由个体，而是在某部更大型机器的决定论逻辑下运作的一台小机器而已，是更庞大复杂的系统中的生物组成部分。在这些系统中，把各个元素连接起来的就是信息。控制论的核心思想是“反馈回路”的概念，即系统中的一个组件（例如一个人）接收有关环境的信息，并对该信息做出反应，从而改变环境，同时也改变之后接收到的信息。从这个意义上来说，量化自我运动实际上深深地植根于控制论的世界观。在以前，能量的转化和转移被视为宇宙基本的组成部分，而现在，信息则是通用的交换单位。在控制论中，一切都是技术：动植物和计算机本质上是同一类东西，执行着相同类型的程序。

“半机械人”一词意为“生控体系统”[①]，是 1960 年由宇航学家曼弗雷德·克莱恩斯（Manfred Clynes）和内森·克莱恩（Nathan Kline）在题为《太空中的半机械人》（*Cyborgs in Space*）的论文中首次提出的。这篇文章发表于《宇航学报》（*Astronautics*）上，它以一段毫无争议的论断开篇，指出人类从体质上来看并不适合太空探索；继而，它建议将技术整合进宇航员体内，从而让他们在恶劣的地外环境中变成能够自给自足的系统。“因为外生扩展组织复合体会作为一个完整的稳态系统无意识地运转，”他们写道，“我们提出了‘半机械人’这个术语。半机械人会有意识地整合外源性组件（Exogenous Component），延伸生物体的自律控制功能，以便让自身适应新的环境”。

所以，半机械人就像是冷战时期的幻象一样，它是对美国资本主义理想中的效率、自力更生、技术精湛的梦幻的强化。另一种与此矛盾但又相互关联的半机械人的定义，出现在唐娜·哈拉维（Donna Haraway）的文章《半机械人宣言》（*The Cyborg Manifesto*）中。哈拉维在文中指出，半机械人是“西方不断加剧的对抽象个性化的支配所带来的灾难性的结局，是一个从所有约束中解放的终极自我，是无拘无束的人”。这也是对有关人体和大脑的机械论观点的一种归谬：半机械人不仅仅作为机器的人而存在，也作为战争机器的人而存在——它的身体和思想意识与现代战争信息系统都存在于同一个共生的反馈回路之中。

令人感到意外的是，美国政府对“将人类和机器融合用于军事目的”的想法表现出了长期的兴趣。早在 1999 年，DARPA 就已经开始授权“生物混合”研究，旨在创造出生物和机器的杂交物种。这一年，DARPA 设立了国防

① “半机械人”的英文是“Cyborg”，又称“赛博格”，由“Cybernetic”（控制论）和“Organism”（有机体）这两个词合并而成。——译者注

科学办公室（Defense Sciences Office，简称 DSO），并雇用了麦当劳前高管、风险投资家迈克尔·戈德布拉特（Michael Goldblatt）担任部门主管。正如戈德布拉特在一次采访中谈到的，他深信“下一个前线就在我们自身当中”，而人类可能将是“第一个能够控制演化的物种”。正如安妮·雅各布森（Annie Jacobsen）在《五角大楼之脑》（*The Pentagon's Brain*）一书中所描述的那样，戈德布拉特是“着眼于军事目的的超人类主义的先驱，他坚持人类能够并且将会通过使用机器和其他手段加强自身，从而从根本上改变人类的境况”。

国防科学办公室受到资助的项目已经开始生产各种各样的融合生物：前脑内植入电极、可由笔记本电脑进行行为控制的大鼠；在成蛹期被植入半导体，并在发育后的成熟体阶段与该半导体融合的鹰蛾。雅各布森写道，科学家们在充分了解了昆虫的变态组织发育的基础之后，“能够创造出一个可操纵的半机械人：它的一部分是昆虫，一部分是机器”。而维纳的“控制论”一词起源于希腊语“kubernan”，意为“操控”。

身为国防科学办公室主管的戈德布拉特对创造人机混合体的愿望倒是相当坦诚，这些超级战士将会在极端的战斗条件下大放异彩。接受职位不久后，戈德布拉特在一份给项目经理的声明中坚称：“不受到身体、生理或认知限制的士兵，将会是未来战争中生存和作战优势的关键。”在这一领域他们进行了大量的实验，比如疼痛疫苗，这是一种化合物，在它的帮助下，受伤的士兵可以在医疗援助到达之前进入“假死”状态；再比如“持续辅助行动”计划，即创造不需要睡觉的“7 × 24 小时”士兵，从而大幅提升战斗力。

在 21 世纪之初，脑机接口便逐渐成了 DARPA 的主要研究领域，而且一直都是重要的资助目标。他们希望能够让士兵仅通过思想进行沟通和控制。正如国防科学办公室的埃里克·埃森斯塔特（Eric Eisenstadt）所说：“想象一下，当人类的大脑拥有了自己的无线调制解调器时，战士们将不再靠思想来行动，而是拥有能够行动的思想。”

所有这些，似乎会进一步刺激那些参加或观看了波莫纳展览中心机器人挑战赛的超人类主义者们。显而易见的是，DARPA 对技术的兴趣总是集中在那些有效但粗暴的方法上。

磨房运动的特点是，对这种控制论理想的内化和颠覆。磨房湿件成员想要得到的东西与 DARPA 相同，不过他们这样做更多是出于个人原因。从这个意义上来说，这个目标本身就是建造一种个人定制化的军工混合体。正如哈拉维所说：“半机械人的主要问题在于，他们是父权资本主义和国家社会主义的‘私生子’。但是，私生子往往对自己的长辈血亲极不忠诚。毕竟，生身父亲是谁，对他们来说是无关紧要的。”

磨房运动有很明显的表演意味。比如，卡农在自己手臂里植入了一个巨大的生物测量设备，因而他本人充当了一个无可挑剔且鼓舞人心的生动实例，这就是一种挑衅姿态。从这个意义上来说，这一运动当之无愧的鼻祖应属澳大利亚行为艺术家史帝拉（Stelarc）。自 20 世纪 70 年代以来，史帝拉的工作就愈发极端地抹杀了技术与肉体之间的界线。在他的作品《因特网包探索器身体》（*Ping Body*）中，他将电极与自己的肌肉相连，从而让远程用户可以通过互联网控制他的身体运动。2006 年，史帝拉进行了一个名为“臂之耳”（*Ear on Arm*）的项目，该项目通过细胞培养和外科手术，在自己的左前臂上制造了一只人造耳朵，目的是将这只耳朵连接到互联网上，充当身处远方的人们的“远程聆听设备”。史帝拉所有的艺术项目都具有鲜明的超人类主义特色：一系列挑衅的姿态意在表达身体作为一种技术，需要应时代的需要而进行更新。正如他在一份声明中直接回应克莱恩斯对机器人的看法时所说的那样：“现在是时候质疑，拥有双足、双眼和 1 400 毫升容量的大脑的会呼吸的个体是不是一种完整的生物形式了。它无法处理自己累积的信息所包含的数量、复杂度和质量；它被技术的精准、速度和力量吓倒，并且，从生物角度来看，它自身缺乏应对崭新外星环境的能力。”对史帝拉而言，我们的身体，那暴露了自身可怜的动物性的身体是一种过时的技术。血肉是一种必亡的存在形式。

设想有一天，你真的变成了半机械人，这将意味着什么？从某种意义来说，半机械人的构想不过是一种思考人类自身的方式，是一种将人类视作信息处理机制的特别摩登的图景。你戴眼镜吗？鞋里穿矫形器吗？有心脏起搏器吗？当出于某种原因，比如电池电量耗尽或者屏幕破碎，你没办法使用自己的智能手机时；或者你把它遗忘在另一件夹克上，因此无法访问手机上的某些重要信息时；或者无法通过 GPS 导航，不能使用绕地卫星来进行三角定位时；这些时刻你是否会感受到一种奇怪的幻觉？你会因此迷路吗？这种迷失，这种失落，是否意味着由你的身体和辅助技术组成的外生扩展组织复合体已经产生了破裂，是否意味着你的自我稳定系统濒临崩塌？如果我们认为，半机械人是通过技术增强并延伸的人体，那么，从本质上来看，它就不是人类了吗？这就像一些哲学家所说的那样，我们不是已经成为半机械人了吗？这些都不是反问，而是我诚恳的发问呢。

在匹兹堡的第二天，去蒂姆家再次拜访那些磨房湿件成员之前，我发现自己居然有空忙里偷闲，甚至有一整个下午的时间可以消磨。于是，我离开了市中心的酒店，朝河边走去。手机屏幕上那个闪烁的小蓝圈代表了我的位置，它在向着下面一点一点地移动。在专门收藏安迪·沃霍尔（Andy Warhol，这座城市最为著名的市民之一）作品的博物馆地下室里，我看到一幅黑白海报——这位艺术家蹲在一张丝网上，下面印着一句话：“我之所以这么画，是因为我想成为一台机器。”

后来，我走进了这家博物馆的礼品店，发现这家很对我胃口的博物馆给我的感觉非比寻常。我从货架上抽出了一本电影《我杀了安迪·沃霍尔》(*I Shot Andy Warhol*)的平装剧本。我记得，在那部电影中，莉莉·泰勒(Lili Taylor)饰演了试图在1968年杀害沃霍尔的作家、曾经的性工作者维米莉·苏莲娜(Valerie Solanas)。书的背面引用了苏莲娜的一些疯癫痴狂而又引人入胜，令人不安而又富有深意的名言。我随手翻看时，看到下面几句话："把一个男人称为动物那就是奉承他；男人就是一台机器，一个会走路的假阳具。"

我把书放回了书架，既没觉得被谁拍了马屁，也不觉得心里受伤。我走出博物馆，回到了小河对岸。

肉体中存在魔力

"人们经常会习惯性地给自己太多的赞誉。"卡农说道。吊扇的扇叶在我们头上徐徐地转动着，透过厨房的纱门，你能够清晰地听到傍晚的蝉鸣，以及许多机器发出的咔嗒声和嗡嗡声，这一切都与夜晚融合在了一起。

卡农说："如果你看看大脑的演化过程，就会发现，在那些负责创造性思维的中枢成长的同时，那些逻辑中枢也在不断变大。这就很容易给你造成一种特别逼真的幻觉：你会觉得自己并不是一袋子会发生反应的化学制剂。虽然那就是你。"

卡农背靠着厨房窗边的水槽，在他身后面的墙上，有一句用华丽的字体写的话，"好好生活，多给予爱，常欢笑"。这种观点和周围环境并不相称，和房间里那几"袋子"正在讨论的"化学制剂"搭配在一起甚是诡异。我推测，这种室内装饰多半是卡农那欢乐的女友丹妮尔的杰作。丹妮尔就职于匹兹堡文化信托基金，是一名网站开发员。丹妮尔本人并没有什么特殊的超人类愿望，不过，对于进行设备植入的想法，她还是持开放的态度。

“也许放在这儿。”丹妮尔说着，用手指了指自己的屁股，“放在这里就不会那么显眼了。”

丹妮尔和卡农共同生活了 8 年，她已经适应了男友那怪异的工作和生活方式，适应了他那极端的关于未来的观点。在卡农刚决定成为半机械人时，两个人就已经在一起了。那时候，他告诉女朋友，只要时机成熟，他就打算把自己的手臂截断，然后装一个在技术上更先进的假肢。

说这段话的时候，两个人正坐在车里。他说，如果人造假肢好过人类自己的肢体，那么他绝不会拒绝把自己的四肢换成更先进的技术产品。听到这话时，丹妮尔大吃一惊，不过后来，她就慢慢习惯了他这个想法。

“如果这能让他开心，我就会感到开心，”丹妮尔说，“不管他想做什么都行。”

卡农说:“人们心里普遍有这种‘肉体中存在魔力’的想法。更具体地说就是，人们认为，有些东西对于人体而言是更为自然的，因此这些事物在某种意义上更为真实、更为可信。”

丹妮尔用了很长时间终于不让自己对卡农的想法大惊小怪，因为大惊小怪的态度在卡农看来是不理智的感情用事。他说，每过 7 年，人的身体就会被完全替代一次。所以从细胞层面来看，他并不是 8 年前与丹妮尔相遇的那个人。而再过上 8 年，他又会变成另一个完全不同的人：一个不同的身体，一个不同的事物。无论卡农现在拥抱丹尼尔使用的手臂是否会被“自然”的方式替代，比如细胞的死亡、再生，或是被换成了仿生假肢，8 年之后它都将不复存在。

这让我突然想到了兰德尔·科恩，想起了他曾经说过的:“我们所栖居的物质形式、我们的存在所依附的基底纯粹是偶然的。”我又回忆起了纳特·索尔斯的话：“碳没有什么特别之处。”我不知道，人体内的细胞每7年就经历一次彻底的“大换血”究竟是真是假。但如果它是真的，那么这对于超人类主义、对于基底独立、对于用忒修斯船的视角来看待全脑仿真的人而言，都将是一场值得大书特书的胜利。

这样一来，10年前在都柏林那个第一次接触到超人类主义书籍的我，和今天坐在匹兹堡某个起居室中大谈特谈人体细胞每过7年更新一轮的我，就并没有物质联系了。这是一个多么让人眩晕的想法，如果没有物质联系，那这两个“我”怎么可能都是我，是我“自己”？什么又是“自己”呢？一个人究竟是什么？难道人就仅仅是一堆原子吗？难道原子内部大部分不是空旷的吗？它难道不是一个壳，包裹着一个浮在空旷空间里的核吗？难道人或多或少不就是空空荡荡的吗？就在我开始质疑自己的存在是否真的有意义时，卡农的狗从后门走了进来，对我的裤裆似乎突然很感兴趣。这个场景，让我接收到了自己是确实存在的信号，或者至少是一个提醒我该谈谈其他话题的信号。①

我提出想要看看那些植入设备，于是卡农和韦伯把我带到地下室，去欣赏他们的研究进展。当时，这里的主要项目是一种名为Northstar（北极星）的技术，韦伯介绍说，这可是自己的“宝贝”。它当前的迭代品可以检测出地磁北极，并且在识别到地磁北极后做出响应，点亮皮下的红色发光二极管。韦伯正在设计中的一个更新版本将会结合手势识别功能，从而帮助植入这款设备的用户开启车门。这些手势包括手掌悬空的圆周运动，或是划十字来启动发动机。

我觉得这种产品虽然看起来很诱人，但实际上它并没有给人类的处境带

① 后来我发现，从技术角度来看，卡农那段骇人听闻的论调是不对的。虽然，我们身体中的许多器官的确会以不同的速率完成细胞再生，但人体内的另一些细胞，比如大脑皮层中的细胞，其实从来没有被替换过。这个事实让我感到既松了一口气，又有一点点儿小失望。

来什么革命性的改变。卡农和韦伯两人也同意这一点。在我看来，用手势打开车门的想法，不过仅仅是一种手势而已，充其量就是向着更大更深刻的转变发出了信号。说真的，这都没有用车钥匙开门方便，而且用钥匙并不需要经历任何手术过程。不过他俩坚持认为，这只是一个开始。如果将人性本身视为一个工程问题，那想要完成任何目标都几乎没有限制了。不过，生物学是根本的难点，问题的本质就是自然本身。

"我们真的不该再待在这场生物学竞技里了，"卡农说，"对于人类这个物种来说，这场竞技并不合适，它太过暴虐、残忍了。"

卡农盘起腿坐在办公室的椅子上，敲打着一根改装过的电子烟。片刻后，他的脸就被从嘴里吐出的蘑菇云雾遮住了。

"人们都觉得我是一个鄙视大自然的家伙，"卡农说着，眼镜镜片在地下室的卤素灯灯光中闪闪发光，"但事实并非如此。"

韦伯正在房间的另一头修补布线电路，在人体工程学椅子上转了小半圈。"老实说，伙计，"他说，"我看你真的就是个鄙视自然的家伙。"

"我并不鄙视自然，"卡农放纵地窃笑说，"我只是指出了它的局限性。人们想要保持自己原来的猴样，不愿意承认大脑没给自己带来全局观，也无法让自己做出理性选择。他们认为一切尽在自己掌控之中，但其实不然。"

卡农明白，不受控制意味着什么。他知道自己作为一部有欲望的机器，作为一个沉溺于"需求和满足"回路中的人意味着什么。高中毕业后，卡农选择了参军。这是"9·11"恐怖袭击事件发生之前的事了，那时正值美国军事工业的繁荣时期，所以他服役期间从未被派到海外驻扎。退伍之后，他开始酗酒，20 多岁的青葱岁月被自己过得一团糟，穷困潦倒的他无论内在还是外在，都是一副无奈又无助的样子。早上醒来的时候，他会告诫自己今天不要再去喝酒。他说，之所以去喝酒，只是因为身体的渴望让他失控了，这欲望让肉体痉挛，他别无选择，只能对脑中化学物质的命令言听计从。喝酒从来不是自我选择的结果，而是无奈地屈服于比自己的决心大得多的力量。而且，他永远也不会知道，究竟方程式的哪一边才是真正的自己：是馋酒的那一个，还是拼命抵抗的那一个。他脑袋里的声音坚持说，今天不能喝酒，可他身体上的抽搐却坚持要喝酒。

那时的卡农是一个糟糕的醉汉，易怒又刻薄，在愤怒和自我蔑视中度日。他的少年时代在匹兹堡朋克大爆发的岁月中度过，这也是他当兵的那些岁月。这一切都促成了他所谓的战斗风格。他承认，这是一个巨大的人格缺陷，但赤手空拳击败另一个人的感觉还是让他感到光荣。他说，即使是现在，他还是会回忆起那些自己没认真打过的架，后悔没使尽全力一战。

卡农告诉我，有一天他在医院里醒来，被告知试图自杀，可是他自己却无法回忆起究竟发生了什么事。他真的不知道自己做过什么。一路走来，他成了两个小孩的父亲，可是他和孩子母亲之间的关系却变得僵持、紧张。他无法控制自己。

在因为自杀未遂住进医院以后，卡农加入了匿名戒酒会，完全放弃了对于自由意志的幻想。他是一个无神论者，但还是按要求把自己所有的一切都交给了“至高的权力”。虽然他从来没有真正信奉过这个信仰，但他强迫自己相信这个模糊的组织。好在这个系统起作用了，这个机制真的奏效了：他已经 7 年滴酒未沾了。

当卡农谈论身体时，当他把人类称为猴子或者是决定论机制时，他是在就人类整体而论。但是我很清楚，他也在谈论曾经的自己，谈论那段酒瘾和戒瘾的经历。告别酒瘾正是一段旅程的开始，在这段旅途过程中，或是在其结束的时候，他将不再是一个受困于欲望的人类，不再掣肘于动物的本性和脆弱。

2011 年 1 月，卡农偶然听到了一段题为《大众控制论》（*Cybernetics for the Masses*）的演讲。演讲者自称为勒芙特·无名氏（Lepht Anonym），是一个年轻的英国女孩。勒芙特谈到了自己的 DIY 实验——通过在皮肤下植入磁铁和其他设备，延伸自己的感官。由于无法获得专业医疗人员的协助，她只能在自己家里进行这些操作。她用伏特加消毒，把蔬菜削皮器、解剖刀、针头当成手术设备。她研究了一些入门级的解剖学教科书，以确保自己不会损伤任何主要的神经或血管，然后为了成为一台机器，她开始着手改造自己的身体。

“勒芙特有点儿疯狂，”卡农说，“但她可真有种。我真佩服她。”

“她是一个骨灰级黑客。”韦伯赞同道。

“说得太对了，”韦伯说，“所以当我看到那玩意儿的时候，感觉‘革命已经开始了，居然没有带上我就开始了’。”

在一个名叫 biohack.me 的网络论坛上，卡农结识了一位名叫肖恩·萨维尔（Shawn Sarver）的匹兹堡工程师，之后他们决定一起设计和开发属于自己的半机械人技术。萨维尔也是一名退伍军人；“9·11”事件后，他加入了美国空军；2003—2005 年，他曾作为航空技工，在伊拉克执行了 3 次巡逻任务，专门从被击落的飞机上回收材料。不过，在看到他的时候，你一定很难把他和退伍军人联系起来。我在卡农的地下室遇到他的那天，萨维尔穿着一件粗花呢运动外套，手肘处是天鹅绒保护层，他那夸张的金色胡子华丽地卷成了一个小圈。他看起来就像是维多利亚时代儿童读物里常会出现的那种坏蛋。还没有为半机械人的未来着手努力的时候，萨维尔曾经在匹兹堡当过理发师。多年来，萨维尔一直在按照自己所谓的“古老职业列表”工作，迄今为止，他已经在许多领域里工作过，比如军队、消防、电气工程、男士理发等。

卡农和萨维尔回忆起了军队的生活，谈到了军事基础训练是如何暴力地消除了一个人的独立性思考，以及如何以不同的方式打破了人的个性，让人放弃了自我，让你不得不在日后需要参加戒酒会。我说，所有这些似乎都印证了卡农的想法，他关于作为一个人到底意味着什么或不意味着什么的思索，也印证了他对自己激进的、彻底的重塑。虽然他明白我的意思，虽然他自己一直重申着人类可预测的和确定性的机制，但卡农似乎并不愿意接受用这样的确定性来解释自己的人生。

星期五晚上，这个小组刚刚结束了每星期一次的例会。在会上，大家（包括来自美国各地的以及一两个居住在国外的成员）坐在卡农的起居室里，谈论着自己在做的事情。有几个人站在卡农家的后门边，欣赏着被遗弃的汽车旅馆的景色，喝着某种难喝的浆果啤酒。

这时候，轮到一位名叫本·恩格尔（Ben Engel）的家伙讲话，他是犹他州一位年轻的磨房湿件成员，最近在加州贝克斯菲尔德市的一个磨房湿件成员聚会上结识了其他几位成员。他制作了一个带蓝牙功能的小工具，能够通过头骨向内耳传播声波。他可以用植入在手指里的磁体开启这一工具，并且从理论上来讲，它能把从互联网上下载的数据转换成压缩的音频波，然后训练自己去掌握一种“感官替代”技术，从而将这些音频波解码。他向磨房湿件成员讲解了他的计划，不过大家一直在劝他不要这样做，因为这可能会害死他。

“他基本上是用一堆破烂，像做弗兰肯斯坦一样捣鼓出了这么个东西。”磨房湿件的一位名叫贾斯丁·沃斯特（Justin Worst）的工程师说，恩格尔曾经向他展示过这台设备，“一个电动牙刷充电器、一些手机零件。整个设备巨大无比。”

大家试图说服恩格尔放弃这个靠颅骨传导声波的装置，改用磨房湿件的技术。

“我们真的很紧张，植入物可能会外泄流入大脑。眼睁睁地看着恩格尔把自己给害死，这对我们这场运动可没什么好处。”卡农说着，踱回厨房，走进了地下室的黑暗中。他的一只名叫乔尼的猎犬跑到门廊上，对我的小腿展现出了谨慎的兴趣。我注意到这条狗少了一条腿。

“乔尼的腿怎么了？”我问道。

安全测试主管奥利维亚·韦伯（Olivia Webb）说：“它被车给撞了。”那是奥利维亚在公司的最后一夜。在匹兹堡工作了几年之后，她将离开，去西雅图赴任一份新工作。

“后来，它就开始啃食自己的腿，”沃斯特说，“一天早上，卡农和丹妮尔醒来时发现乔尼一整晚都在啃咬那条断腿，他们不得已把那条腿给截掉了。”

谢奥若有所思地捣鼓了一会儿薯片，问道：“一旦人类能够成功地与机器融合在一起，我们是否也可以把这项技术扩展到我们的宠物身上。”

“这种做法人道吗？”他问，“或许我们应该放任它们过那种悲惨的生物特有的生活，然后死去？”

“我们已经做了很多没有经过它们同意的事了，”奥利维亚说，“没有狗狗会说‘请摘掉我的蛋蛋吧’，但我们还是这样做了，这是为了它们好。我想说，乔尼对三条腿这件事还算能够接受，但倘若它有四条健全的假腿，又会怎么样呢？”

乔尼麻利地吃掉了从谢奥的薯片袋子里散落的几块残渣，随后一拐一拐地跑向了厨房，对大家正在讨论的话题不予理会。

逃离肉身的桎梏，获得最终的赦免

在磨房湿件度过的时间越多，我就越发现，在这里工作的人们的最终兴趣不在于人体本身的增强，也就是说，在人类生活有多大可能变得更便捷这件事上，比如，在皮下植入可以在面向北方时点亮的东西。当然，他们会因身体的局限性而感到沮丧，希望通过技术来改善这些局限性。以卡农为例，他说当自己第一次在指尖植入电磁体，然后感应到磁场时，他并没有像大多数人认为的那样，因为这扩展出的新感官能力而顿时兴奋不已。

“我感觉到的是一种恐惧。我是说，这些该死的东西到处都是，我们啥玩意儿都看不到。我们就是一群瞎子。”卡农说。

“没错，”韦伯说，“我们也看不到X射线。你说，这是多么废柴？”

从根本上来说，他们感兴趣的东西并不是单纯地去增强人类的能力，而是某些更加怪异、更难辨识的东西。他们感兴趣的是最终的解放，我觉得除了灭绝以外，很难找到任何类似的东西了。

我和卡农、韦伯、沃斯特坐在地下室里，他们几个研究起了新的Northstar植入物。这时音响中传来了武当派的那首《保护你的脖子》（*Protect Ya Neck*），卡农边在笔记本电脑上敲代码，边合着节奏点着头。我坐在一张马鞍形的健身凳上，感觉并不怎么舒服。我没想针对某个人发问，所以只好对着房间里的人说：“那么最后的结局是什么？你们想要实现的长期目标是什么？”

韦伯转过身面向我，手里拿着一把烙铁。他说，纯粹以个人的身份而言，他自己想要吃掉整个宇宙。他想成为一种难以想象的强大力量和知识的集合体，世界上不再有任何存在于他之外的东西。所有的存在，所有空间和时间，都和从前那个马洛·韦伯融为一体。

我开玩笑说，我可不建议他把这些话填在美国工作签证的申请表上；他笑了，但从他的笑容中可以看出，似乎他并不认为自己讲的只是个笑话。他也可能是在开玩笑，正如我之前描述过的那样，他总是会带着一种人们说私房笑话时才有的表情。我发现，看着他那和蔼可亲的面相，听他用那拖拖沓沓的澳洲腔讲自己想要吃掉全宇宙时，竟然拥有一种吸引人的荒谬感。但在我看来，他刚才那番话似乎并不是完全在胡扯。

“我不确定你是不是在耍我。”我说。

韦伯说：“我根本没耍你。”

“他没有耍你。”蒂姆向我保证。

“那么，你最终的目标是什么？”我问卡农，“你也想吞掉整个宇宙吗？”

“对我来说，”卡农说，“最后的目标是全人类，除掉那些人渣以外，全都飞入太空。我个人的目标就是和平地、充满激情地探索宇宙。而且我敢肯定，现在的这个身体没法做到这些。”

“但你会变成什么样？”我问道，“那还是你吗？”

卡农说，他所想象的自己是一个信息搜寻节点的互联系统，以不断扩张的弧线在全宇宙中航行，在这浩瀚之中分享信息、学习、感受、对比。他说，他猜想这个难以想象的扩张系统完全能代表他本人，就像他现在的身体形式（他那由骨骼和组织组成的 1.82 米长的躯体）一样。

我想说，这听起来很烧钱，谁会为此埋单。不过我转念一想，还是克制了这种冲动。毕竟这些人花上自己的时间，好心地向我解释了自己的核心信仰，虽然没解释好，我也不应该去开什么玩笑。

在我看来，我们的谈话正在逐步迈进教信仰这个领域，这是我与卡农以及其他超人类主义者对话的常态。

在那儿的最后一个下午，蒂姆和我躺在起居室的L形长沙发上，谈论着未来，乔尼跳到我身边，爬到我腿上卖力地舔着我。我感受到了这个动物在我的脸上、嘴里留下的湿腻气息以及它舌头上的热气，我开始卖力地表现出受宠若惊的样子。

之后，我们俩又开始了讨论。讨论我们是否等同于自己的身体，等同于这个物理的存在。这样来看，乔尼是不是在发生事故的时候，因为失去了自己的一部分躯体而变少了呢?

我不太清楚自己相信哪种观点，但我说过，我觉得对于存在而言，具体化是一种无法减少、不能被量化的元素，我们是人类，狗是狗，只有在这些身体里的我们才是我们。我谈到我的儿子，以及我对他的爱，在很大程度上，甚至从根本上来说这是一种依赖于身体的体验，也是在哺乳类动物身上一种常见的现象。我说，当我把他抱在怀里的时候，我感觉到他是那么小的一个宝宝，感觉到他肩膀上纤细的骨头，感受到他脖子的柔软和细腻。这是一种身体上的感受，一种爱心的膨胀，一种心跳加速的感觉。我经常惊诧于他在这个世界上所占有的空间是那么的少，他的胸膛甚至没有我的手掌宽，他看起来是那么渺小的一个小家伙，有着脆弱的骨骼和柔软的肉体，还有无法想象的、温暖的生命。正是因为这些，构成了我的爱，构成了我对这个小小“野兽”的关怀和怜爱。

我向卡农问起他的孩子。在过去的几天里，他谈论过几次他所深爱的人。他再次谈到自己是如何为孩子而活，他们出现在他的生命中是如何拯救了他。他同意这点，是的，他也有这种感觉，那些动物的感情和恐惧。

“你的孩子对你想成为一台机器是怎么看的？”我问，“他们对植入物有什么看法？”

卡农面无表情，十分专注，给电子烟里又填上了一些前一个晚上一位实习生送他的家酿果汁。我想知道，他是否没听到这个问题，或者有可能忽略了这个问题。我看着他苍白而瘦小的手臂，试图读懂那片皮肤的神秘历史：文身、种植体的伤口以及外形的损毁。

“我的孩子明白我在做什么，”卡农终于开口了，但注意力仍放在电子烟上，“他们对此的态度足够成熟。我女儿 11 岁了。不久前，她对我说，‘爸爸，我不在乎你是不是半机械人，但你必须留下你的脸，我不想让你换掉你的脸。’就我个人而言，我对我的脸没有任何感情上的依恋，对自己身体的任何其他部分也没有。就算看起来像‘火星漫游者’那样，我也不在乎。但我猜，她很依恋我的脸。”

卡农猛吸了一口电子烟，并重重地呼出。一股纯洁的白色瞬时模糊了他的脸，他那没有情感依恋的脸——灰暗而又窄小的亚裔眼睛、高挺的鼻子和奇怪的大鼻孔。

卡农说到了丹妮尔和孩子们在一起有多么美好。她对孩子视若己出。他提到，丹妮尔很想要一个属于自己的孩子，可他拒绝再次成为新生儿的父亲，坚持“不再讨论这个问题”。

随后卡农表达的感受，从内涵和措辞来看都是虚无的。“我被困在这里了，”他说着，在他胸前点了点，双腿叠在身下坐在沙发上，“我被困在这个身体里了。”

卡农说：“你可以去问任何一个变性人，他们会告诉你，他们被困在错误的身体里了。但我说被困在错误的身体里，只是因为我被困在身体里了。所有的身体都是错误的身体。”

我觉得，我们已经接近了超人类主义的中心悖论，启蒙理性主义被推到了最激进的极端，消失在了信仰的黑暗之中。这是一个进退两难的处境，卡农越是否认自己的想法和宗教神秘性之间的联系，他的话听起来就越像是在传教。

体验自己被禁锢在身体内背负着弱点和无法逃避的有限性。正如叶芝所说，被囚禁在一个垂死的怪物中是生而为人的基本境况。从某种程度上来说，想要从躯体中挣脱是一种天性。

著名作家戴维·赫伯特·劳伦斯曾写道：“如今，人类从科学、机械、无线电、飞机、大船、齐柏林飞艇、毒气、人造丝中获得了奇迹的感觉：这些东西滋养了人类的奇迹感，正如过去的魔法一样。”

现在，随着人类对神秘的渴求以及对宇宙奥秘的求索正不断地被科学满足，对某种救赎承诺的渴望也同样成了技术的继承之物。

虽然卡农没有这样说，但这是他的最终想法，关于半机械人的想法：我们最终将从人性中被救赎，从我们的动物自我中被救赎，而我们确保这种救赎的方法是，让技术进入我们终会死去的身体，从而实现与机器的融合，让我们获得最终的赦免。

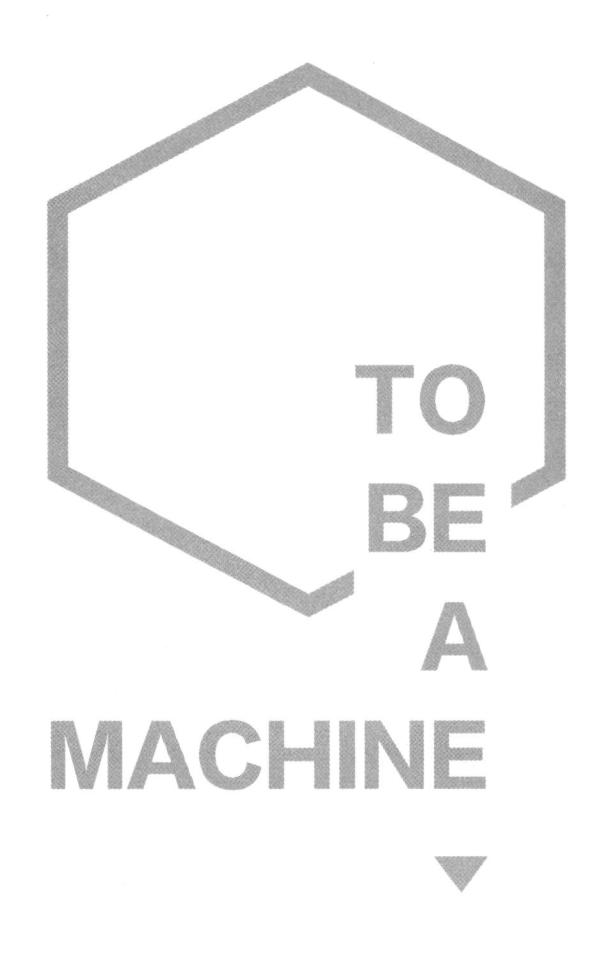

第三部分

不被机器反噬的 3 个原则

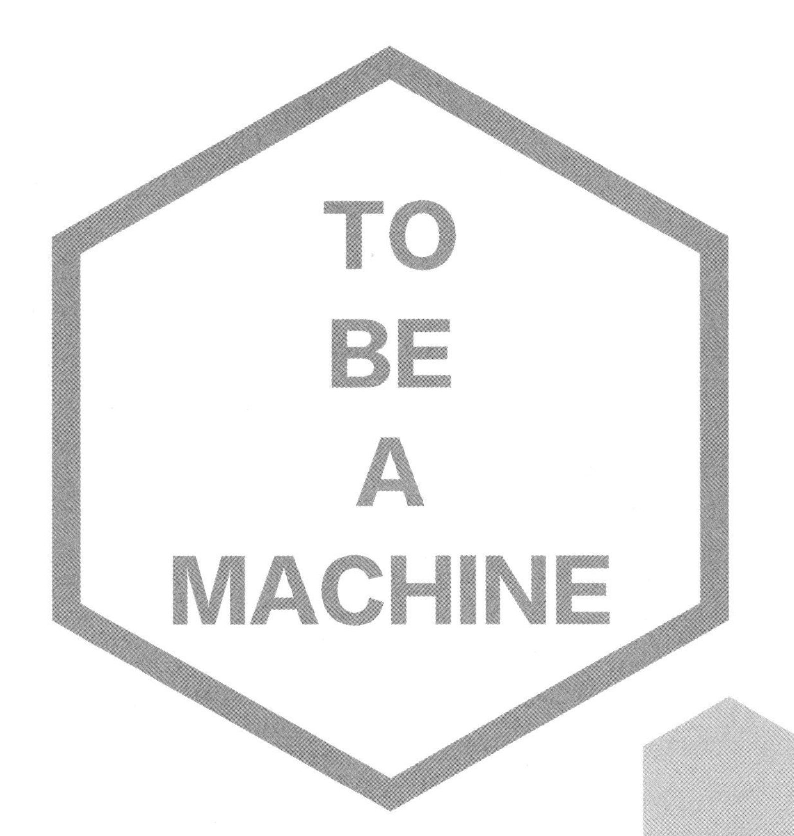

09

原则 1：坚守科学的信仰

超人类主义是人类对超越自身的渴望的一种表达，渴望超越身体的混乱与欲望、无力与病痛。

诸事不顺，总在关键时刻掉链子。在从旧金山前往皮埃蒙特参加一场有关超人类主义和宗教的会议的旅程中，我遭遇了各种大大小小的困难。我在爱彼迎（Airbnb）上租了一间公寓，打算在市中心开会这几天搭乘地铁往返居住地和会场。星期六上午 8:30 左右，在 5 月热浪的“烧烤模式”中，奥克兰市中心除了一大堆为生活所困、无家可归的人外，几乎难觅人影。这给此地笼罩了一层凄凉的劫后余生的气氛：仿佛在一场有效而温和的天启中，几乎所有的灵魂都被拯救了，但这并不包括那些被贫穷困扰的人们。

我需要在上午 9 点到达皮埃蒙特，可糟糕的是，附近居然看不到一辆出租车。两天前，我在旧金山机场着陆几分钟后，就用光了所有漫游数据流量，所以现在也没办法用 Uber 打车，从这个会场以东 8 公里的地方赶过去。我感受到了一种被“剥夺”的感觉，仿佛失去了一些不能恢复的人类机能。我是去找一个提供 WiFi 的咖啡馆，还是去购物中心找个付费电话，不过，付费电话这种东西存在吗？在纠结片刻后，我最终招手叫到了一辆出租车。不过，这整个过程已经开始让我产生一种古怪的过时之感了。抵达皮埃蒙特后，出现了更多的复杂状况。我的司机英语很差，他只能借助谷歌地图把我带向要去的地方。然而，谷歌地图也突然撂了挑子，顽固地“拒绝”承认世界上有这个地方。当司机最终抵达会议大厅时，会议已经开始 15 分钟了，我知道可能已经错过了一些重要的内容。

一群人聚集在大厅后面，其中一个人是会议组织者汉克·佩利谢尔（Hank Pellissier）。汉克年近半百，灰白头发，身材修长，不过他热情得有点过了头，就好像十几岁的大男孩一样。青春靓丽的装束——彩虹条纹 T 恤、鲜绿色的裤子、Seinfeldian 网球鞋，加深了我对他的印象。我想跟他打个招呼，感谢他给我办理了媒体通行证，还向我介绍了他认为我可能感兴趣的各种人。他热情地欢迎了我，很快把我介绍给了在场的其他人。

其中有一个来自纳什维尔的年轻人，健壮、留着胡子而且和蔼可亲，他是一位超人类主义者。有一位来自伯克利的太平洋路德教会神学院（Pacific Lutheran Theological Seminary）的 60 多岁的系统神学教授，身材魁梧，穿着橄榄色田野夹克，口袋又多又大，每个口袋都有拉链和扣子，这件衣服你是绝不可能喜欢的。有一位来自新墨西哥州的拉斯克鲁塞斯市的超人类主义佛教徒；还有两个来自犹他州的超人类主义者。会场里还有一个叫布莱斯·林奇（Bryce Lynch）的男人，他是一位脸色苍白、精神紧张且戴着眼镜的密码学家，将近 40 岁，有些秃顶，但头发又很长，给人一种既爽朗又冷淡的感觉。我问林奇他的信仰是什么，他含糊其词地告诉我，他其实在实践一种现代形式的赫尔墨斯神智学（Hermeticism），这是一种在古代末期或许曾经达到过巅峰的深奥的信仰。在这个问题上，我试图让他多说几句，但他似乎有些沉默寡言，这也许正是你会从一个实践密教的密码学家那里得到的回应。

林奇穿着一件黑色 T 恤，上面印着一句话“I DON'T ALWAYS TEST MY CODE, BUT WHEN I DO, I DO IT IN PRODUCTION”，意为：我不总是测试自己的密码，但如果我这样做了，那一定是在生产阶段。我不大理解其中的含义，不过我猜测（很可能猜错），这是一种根植于编程双关语中的性暗示。

一位超人类主义者被这件衬衫逗乐了，问他能不能拍一张照片。林奇欣然同意，摆出了一副英勇的站姿，胸膛挺起，诙谐地双手叉腰；这个姿势引发了人们对这件衬衫更多的关注，上面传递的信息让整个人群欢乐起来。我无法分享这种欢乐，只能礼貌地笑笑，希望我不会被要求对它的意义发表看法。这使我意识到了自己与这些人的区别，而且越是深思，这种区别似乎就越发不可调和。对于技术语言，我基本上就是个文盲，这正是症结所在。我是技术的使用者，被动地受益于大量的技术进步，然而对于技术本身，我却几乎一无所知。而这些人，这些超人类主义者却植根于机器的亲密逻辑，驻扎于我们文化的源代码中。

一位身着深色西装的高个子银发男人出现在门口，佩利谢尔向我们致歉并走去和他说话。系统神学教授和佛教超人类主义者机警地对视了一眼，仿佛在承认某位大人物的到来。他们聊了一会儿，我拿出了手机，不确定在谈话的这个节点，开启自己的录音软件是否恰当。佩利谢尔帮助这位银发绅士在房间非常靠后的一张支架桌旁安顿下来，桌子距离最后一排座椅还有一段距离。

系统神学教授侧身向我说出了一个名字："韦斯利·史密斯（Wesley J. Smith）。"

因为从来没有听说过这个人，所以我只是会意地点点头。

佩利谢尔告诉我，史密斯是《国家评论》（*National Review*）的定期撰稿人。他是一个有信仰的人。近年来，在生物伦理问题上，他是一位保守的评论家，并以这种论调撰写了一些超人类主义方面的文章。他出现在这里是为一家名为《第一要务》（*First Things*）的跨信仰杂志社报道本次会议。

2013年，史密斯在那本杂志上发表了一篇题为《唯物主义者的狂喜》（*The Materialists' Rapture*）的文章，抨击了超人类主义。他的理由是超人类主义本质上是一种宗教。这种攻击观点来自一个认为宗教本质上是好东西的人真是奇怪。他写道：“为‘超人类主义’布道的人宣称，通过技术的奇迹，你或你的孩子将得以永生。不仅如此，在几十年之内，你能够将你的身体和意识转化为无限多样的设计和目的，自我导向的演化将导致‘后人类物种’的发展，会让人拥有漫画中的人物所拥有的超能力。

在我看来，超人类主义是人类对超越自身的渴望的一种表达，渴望超越身体的混乱与欲望、无力与病痛。身体在自身腐烂的阴影下蜷缩着。这种渴望，现在进入了越来越宽泛的技术范畴。史密斯认为，超人类主义是一种变态的见解。我把他的这种观点看作是这些古老的渴望和挫折的新表现形式。

现在，史密斯在旁边的桌子上架起了自己的笔记本电脑，这个行为给人留下了一种新闻堡垒的印象。在这个“要塞”后面，他将自己和将要报道的人们以及他们的想法隔离了开来。我被这个姿态所展现出的坦率和小小的敌意所吸引，这让我格外留意起了这个人。

那天晚上回到住所后，我花了 10 ~ 15 分钟，焦急地翻看着笔记本电脑，想知道他们是否有所进展。我检查了电子邮件，我已经在 Google News 中为“超人类主义”这个单词设置了提醒。最后我果然发现，在晚上 7 点 33 分，史密斯已经在《国家评论》上发表了一篇关于这次会议的博客，我记得当时他还坐在会议大厅后面的桌子前。这篇文章当然不是什么杰作，既没有拔高也没有深化他已经表达过的对超人类主义的立场。

佩利谢尔对本次会议的介绍奇怪而又曲折。佩利谢尔发迹于旧金山湾区的朋克场中，20 世纪 90 年代，他以“Hank Hyena”这个艺名作为表演诗人成名。佩利谢尔告诉我，他的工作带有色情的荒诞主义色彩。佩利谢尔还介绍了自己与宗教之间的渊源，对此，他似乎有种反常的自豪感。几年前，他举家搬到了一个贵格会（Quaker）[①]社区。他很快就“被怀疑伏击”，短暂地变成了一位激进的无神论者。然后，他又被激进的无神论斗争改变，成了一位超人类主义者。他说，这一切或许是偶然发生的。一个曾经与他一起共事过的编辑，在一家叫作 H+ 的超人类主义出版商那找到了一份新工作，并请他写一些文章。他同意了，虽然他从来没有听说过超人类主义，但还是立即决定参与这个运动。佩利谢尔意识到，虽然他本质上一直是一个超人类主义者，但从来不知道这是一个确实存在的主张。现在，他又与另一个教派“暧昧”起来。

他解释说：“我为一对女同性恋者捐献了精子，她俩其中一个是拉比。我可能会为了我亲生儿子而改换教派。我现在还在考虑中。”

不可避免的衰退

在那一天接下来的时间里，我听到了很多怪事。

一位经营专门讨论极度晦涩难懂主题的独立出版社的人谈到了《地球之书》（*The Urantia Book*），这是一部关于宇宙学的鸿篇巨制，据说是由创造人类的古代外星人向该书作者口授的。我听他讲起了路西法的反叛，讲起了他的个人信念：拿非利人是光照派血统的来源。我觉得，听一个穿着船鞋、舒适牛仔裤和精致蓝色运动外套的男人说话，真是太奇特了；他提到，他参加了一次寻找沉没大陆的远征，探访了亚特兰蒂斯和伊甸园的所在。但他被佩利谢尔打断了，因为他讲了太久，所以我没听到他是否真的发现了这块沉没的大陆。

① 贵格会又称教友派，主张任何人之间都要像兄弟般相待，主张和平主义与宗教自由。——编者注

超人类主义者迈克·拉·托拉（Mike LaTorra）说，他相信自己实际上已经通过转世获得了永生，他希望这种永生可以有一个比现在更高级的肉身。

一位名叫罗伯特·沃尔登·库尔茨（Robert Walden Kurtz）的牧师谈到了超人类主义很容易适应这极端、古怪的思想。

还有一位名叫菲力克斯·克莱尔瓦扬（Felix Clairvoyant）的男人，这是一位来自美国高级性学研究院（Institute for the Advanced Study of Human Sexuality）的拥有博士学位的认证按摩治疗师，他穿着一件半透明的绉纱衬衫和一双黑色防滑鞋，没穿袜子。他是“雷尔运动”（Raëlian）的信徒，相信人类是由几千年前来到这里的不明飞行物中的科学家创造的。

我对这些人迫切地希望了解其他人的信仰感到惊讶，尽管这些信仰可能与自己的信仰并不相容。

听完这些故事需要好几个小时。为了能听到他们的讲话，我不得不坐在一张钢架椅子上，就是我还是小学生时坐过的那种椅子。结果，我的腰开始隐隐作痛，屁股也变得又痛又麻，腿变得僵硬。这使得我的思绪转向了身体不可避免的衰退——死亡本身，以及垂死的动物身上展现的许多其他缺点。

地球种子，来找我吧

我们总是认为知识能让我们回到纯真时代。正如 18 世纪德国作家海因里希·冯·克莱斯特（Heinrich von Kleist）在他那奇妙而出色的论文《论木偶剧院》（*On the Marionette Theatre*）中所写的那样：

> 我们看到，在有机的世界里，随着思想变得越来越淡薄，恩典就显得愈发睿智和果断。但是，正如经过无穷远之后，通过两条线

画出的一块区域，又会突然重新出现在另一侧，或者如同凹面镜中的图像，在缩小到一定程度之后，会再次翻转出现在我们面前。恩典本身也会在知识走过无限远后重现。恩典要么在全无意识，要么在拥有无限意识的人类形式中显得尤其纯粹。也就是说，是傀儡，或是神明……但这都是世界历史的最后一章。

会议刚刚结束时，佩利谢尔走过来跟我聊了一些即将会发生的事情，他认为我可能会对这些事情感兴趣，而此时我正在想如何穿过湾区回到旧金山。硅谷社区的特雷塞运动（Terasem Movement）组织者杰森·徐（Jason Xu）正在主厅外的一个房间里召集小型聚会。我曾经读过关于特雷塞的文章，它们似乎是从超人类主义中产生的一个真正的宗教分支，是一种基于“个人网络意识”观念的信仰或“运动”，信仰的内容包含意识上传和生命延展等精神层面上的东西。我也了解过徐的动态，他最近协助组织的一次抗议活动发生在美国山景城谷歌总部，在那里举行了首次超人类主义街头运动，他和一小群超人类主义者站在一起，高举起写着“IMMORTALITY NOW”（现在就要不朽）和“GOOGLE，PLEASE SOLVE DEATH”（谷歌，请破解死亡）的标语牌。这次抗议似乎违反了人们的常规认知，因为谷歌之所以向生物技术研究和发展组织卡利科公司投入数亿资金，正是为了解决一直困挠着人类的死亡问题。从这个意义上来看，这并不是一次真正的抗议，而是一种有组织的鼓励，鼓励谷歌保持良好的势头。无论目的如何，他们仍然被保安赶了出来。

我本来不知道徐在这次会议期间会再举行一次会议，所以很高兴能参与其中。如果我告诉你，免费的比萨对我并没有任何吸引力，那肯定是在扯谎。为了这个动机而来的不止我一个，没有一个人是为了特雷塞运动的聚会而来的，其中包括迈克·拉·托拉、布莱斯·林奇，还有一个叫汤姆的家伙。没人能够从我们动物性的原始欲望中解放出来，就像我们每个人都无法抵挡美食的诱惑，静静地低头享用着一片意大利辣肉肠比萨。

徐建议我们都介绍一下自己，以及为什么来这里。他指着汤姆问，是否想第一个发言。汤姆正要开口讲话，但很快发现嘴里的比萨太多，没法正常说话。所以，徐示意让坐在汤姆旁边的林奇先来，但林奇摇了摇头，示意吃完嘴里的比萨，才能传达出有用的信息。徐看了看自己的手表，决定我们应该在嚼完嘴里的比萨后再开始会议。这时候，他递给每个人一本复印的小册子，标题是《特雷塞的真相：技术时代的跨宗教》（*The Truths of Terasem: A Transreligion for Technological Times*）。

在我们 5 个人都简单地介绍了自己以后，徐讲了段开场白。他解释说：

> 跨宗教意味着，即使你已经皈依了某个宗教，也可以加入教会。就特雷塞而言，它完全是一种宗教，而且更接近佛教，而不是西方宗教。至少狭义地说，它的中心没有神性，没有一个神仙来要求众生忠诚的祈祷和服从。根据这本小册子，特雷塞的第一个真理是“特雷塞是一个致力于拥有多样性、团结和快乐不朽的集体意识”。

也许这个宗教中最引人注目的方面正好被徐完全忽视了，这个方面是我从网上调查得来的：“思维归档”的实践。这是从库兹韦尔的《奇点临近》一书中提取出来的一个观点。这种实践是一项日常的技术精神惯例，你可以将一些关于自己的数据，比如视频、记忆、印象、照片，上传到特雷塞的云服务器上，直到某个未来技术能够从这些积累的数据中，重构出另外一个版本的你。你的灵魂可以上传到一个人造的身体里，从而获得永生，过一种不受肉体伤害的生活。这种做法是否只有象征意义，目前尚不得而知，但可以确定的是，整个事件在细节方面略显粗糙。

徐从座位下面的一个单肩包里拿出苹果笔记本电脑，然后跪在地上播放了关于特雷塞的歌曲《地球种子》（*Earthseed*）。前奏是一段小调琶音钢琴曲，接着，一位女士深情的颤音优雅地飘扬其中。电脑扬声器的音质和音量都很差，至少在我看来，这首歌曲的意图不明确。不过这些歌词是可以清楚地听出来的：

地球种子，来找我吧！
地球种子，来找你吧！
地球种子，我们是统一的！
地球种子，即是真理！
于你，于我，皆是真理！
地球种子，与我们并肩而立！
地球种子，与我们并驾齐驱！
地球种子，给予我们力量！
地球种子，良知！
共同的良知！

徐解释说，这首歌是由特雷塞的创始人玛蒂娜·罗斯布拉特[①]（Martine Rothblatt）创作的，她也是这首歌的钢琴伴奏和长笛独奏部分的演奏者。作为一个超人类主义者，罗斯布拉特也是一个特别独特却有趣的人。她创立了有史以来第一家卫星广播公司天狼星广播公司，后来又成立了生物技术公司联合制药公司（United Therapeutics Corporation，库兹韦尔是董事会成员）。我曾经在《纽约时报》上读到过一篇关于 Bina48 的文章。Bina48 是罗斯布拉特以妻子碧娜（Bina）为原型制造的机器人。在 1994 年罗斯布拉特进行变性手术前，碧娜

① 玛蒂娜·罗斯布拉特是美国杰出企业家、律师以及人权法律运动倡议者。她的经典著作《虚拟人》勾勒出了人造意识将如何到来，并探索了科学与道德的分支。此书已由湛庐文化策划，浙江人民出版社出版。——编者注

与变性前的罗斯布拉特一起生活了 40 年，育有 4 个孩子。过去 10 多年来，罗斯布拉特率先发起了一场争取中东和平的运动，力图使以色列和巴勒斯坦成为美国的第 51 个和第 52 个州。由此观之，她看起来像是一个我行我素的亿万富翁，像托马斯·品钦（Thomas Pynchon）小说中那种太过奇怪、有点招人烦的人。

罗斯布拉特倡导的超人类主义与她变性人的身份息息相关。在她的作品中，解放的言辞随处可见，不只要从性别中获得解放，更要从人类的肉体本身中获得解放。正如她在一篇题为《意识比物质更深刻》（*Mind Is Deeper than Matter*）的文章中提到的："真正重要的是意识，而不是围绕在它周围的物质。"

徐宣布说，今天晚上我们轮流诵读"特雷塞真理的"第三部分。在一阵忙乱的翻书声中，徐略微清了声嗓子，开始了朗诵。

"特雷塞在哪里？"他读道。他的声音平淡无奇，一边说着一边将目光停留在网页上。"每当意识组织自己，以创造多样性、统一性和快乐的不朽时，特雷塞总是无时不在，无处不在。"他接着诵读道。

之后，徐对坐在他右手边的拉·托拉点了点头。拉·托拉用宽厚而又平淡的男中音读道："无处不在意味着，特雷塞存在于物理空间、网络空间、现实世界和虚拟现实世界，因为在许多空间里，透明质都可以蓬勃地发展。"

徐朝我点了点头。"特雷塞能够蓬勃发展的空间，仅受到支持意识的能力的限制。"我念得很生硬，一字一句清晰地大声读了出来。用自己的声音大声说出来，似乎更凸显了这些理念的荒谬。这让我想起了在中学时每周参加三次的晨会：在那里，我和同学们不得不唱赞美诗。我回忆起了自己的那些怪异的祷告和祈求。对于那个创造了世界的神，我当时的印象只是一个不真实的抽象概念，一片虚无。

我把接力棒传给了汤姆，他似乎有相当严重的言语障碍，伴随着口吃的声音，整个房间进入了一种近乎冥想的奇怪的停滞状态。当他差不多读到一半时——“支持特雷塞意识的物理空间包括，太空中的地球、天体和太空殖民地”，徐倾身向前，平静地告诉他，他完全可以跳过一些音节。我想知道，徐是否会因为将活动延伸到整个社区而带来的风险停止宣讲，即使他正在接触的这个社区是硅谷。

这时，房间里进来了一个迟到的参会者，此人声音洪亮，经典嬉皮士造型，看起来有60多岁。他的头发很长，完全是灰色的，胡子也又长又灰，分成了尖细的两绺。他坐在我旁边，环视了身边的这几个人，自带一股令人开心的气场。这个人就好像是曾经旧金山的一个幽灵，现在来这里寻找他的现在以及未来。

“我是新来的，”他拖着长音不情愿地说，“我应该做些什么？”

徐告诉他，做一个简单的自我介绍。他看起来有点不快，也许这就是他的社交风格。

“你想知道什么？”那个人说。他的名字我没有听清楚，或者他压根就没有提起过。

“你是怎么知道这次会议的呢？”

“我不知道。”他说，缓慢而刻意地耸了耸肩，他似乎被自己或者这种气氛逗笑了，“有可能我是在网上搜索到的。”于是我们又继续朗读。

“将自己实例化为软件形式，就像获得一次教育，有些事情会改变，有些不会。”拉·托拉读道。

“永远不要害怕多个版本的自己，因为他们每一个都会像你的家人一样互相沟通。”林奇接着读下去。

这位蓄着胡子的迟到的人读道：“创造你的网络自我，能够加快你快乐的不道德行为（Immorality）。”

徐插话了：“实际上，这里应该是快乐的不朽（Immortality）。”

“这里写着‘不道德’。”

“不对，应该是‘不朽’。”

“好吧，但这个单词不是，它里面没有‘t’。”

“我怎么没看到……”

那个男人把他的手册拿近看了看。“哦，对的，对不起，是我看错了。”他以一种毫无歉意的方式说，“是有个‘t’。”

在继续大声朗读了 5 分钟左右后，我们每个人都轮流讲了些自己既不相信也不理解的事：我们不应该对已故的亲人说再见，因为我们会在网络空间再次看到他们；生活在一个仿真的环境中要好于生活在“原始的”环境中，因为在前者的环境中，痛苦将被“删除”；诸如此类等等。我们朗读得越多，我就越不明所以。这是一种难以理解的言语“洪流”，充满纯粹的断言。有效的不朽是通过将现实的编码数据模拟，分散到整个星系和宇宙来实现的。通过对过去的重塑，对幸福快乐的永恒保存，大自然得以获得荣耀。

最后，徐宣布当晚的朗读就此结束，并问是否有人有问题。出于专业和社会上的义务，我需要问他些关于特雷塞运动的问题，但我一个都想不出来。刚刚结束的朗读仍然让我有点不知所措。

“没有问题？”徐说。

那个老嬉皮士举起手来，一副冷漠的样子。“我有个问题。”他说，“可以拿一块比萨饼吗？”

他走过去从一个医院风格的托盘里，拿起一块带有意大利辣肉肠和奶酪的比萨，然后坐了回去，整个房间陷入了一片沉默。他一边吃东西，一边翻开一本手册，并将它用手掌举了起来。在他快嚼完嘴里的比萨时，他嘟囔着问徐，为什么这本手册里没有任何网址。

“如果我回到家，想查找这个东西，这整个特雷塞的介绍，我不知道如何找到网站。”

徐说：“你只需要在谷歌上搜一下特雷塞就可以了。”他不再试图掩饰对这位恶意闯入者的恼怒，他的态度冒犯了徐的会议、运动和信仰。

“好吧。但就宣传或其他方面而言，有个网址会好一些，只是方便而已。”

徐接着解释说，实际上我们不能把手册带回家，当活动结束时，他很快就会将这些册子收回去。

这一刻，我稍微慌了神。直到下午早些时候，我一直依赖手机来作为助记器，以保存我以后需要用到的信息，我不信任自己那不太灵光的记忆力。手机里保存了那些我不想忘记的人的照片、音频片段以及一些短视频。很快，我的手机便耗尽了内存。而且，由于我已经用光了漫游数据流量，因此无法访问云存储。唯一能够继续录制内容的方法就是，无情地删除妻子和儿子的照片和视频，但我并不打算这样做。

感谢科技

所以，每当手机内存满了以后，我就主要依靠随手记的笔记，无论遇到什么，我都会潦草地记下一些印象和引用。在刚才的大概一个小时的时间里，我一直在自己的特雷塞小册子里记录这些引用和印象。我不愿意把它交给徐，因为我在写作时需要用这些笔记来重塑这个场景。导致这种不情愿的一个更为严重的原因是，我在小册子中写了些对他们朗诵特雷塞小册子和对徐本人的直接印象。比如，“可以跳过一些音节吗”，徐有点混蛋。我不想毁了和这个潜在的消息来源的关系，或者让自己陷入过度的尴尬境地，所以我做了当时唯一能想到的事情：从椅背上拎起夹克，低头直奔门口，不理会任何带着疑问注视我离开房间的目光。

在外面空旷的门厅里，只有一个人坐在发光的电脑屏幕前。我问他 WiFi 密码是多少，他告诉了我。我打开了 Uber 软件，叫了一辆汽车，并感谢了科技带来的便利。

10

原则 2：不断破解大脑的奥秘

死亡不再是一个哲学问题，而是一个技术问题。

在特雷塞聚会结束后的那段时间里，我不时会回想起杰森·徐在谷歌园区的“抗议”，尤其回味那句“谷歌，请破解死亡”的标语。尽管有些荒谬，但凭借它对科技资本主义的力量和仁慈的信念，这句话将超人类主义的核心愿望和意识形态概括在内了。

与其说这句话是一种抗议，不如说更像是一次祈求，一次祈祷：让我们远离恶魔，将自我从人类的躯体和堕落中拯救出来，因为国度、权柄、荣耀，都是你的。

在这个上下文中，“Solve”（破解）这个词，在我看来似乎包含了硅谷的意识形态。在这种意识形态中，生命可以简洁地划分为问题和解决方案，而解决方案则总以某种技术应用的形式出现。无论这个难题是什么，比如，要不要收起你需要干洗的衣服，或者协调性关系中的复杂性和不确定性，抑或面对终有一天你将死去的事实，这些问题最终都会被攻克。站在这样的角度来看，死亡不再是一个哲学问题，而是一个技术问题。而且每个技术问题都存在相应的技术解决方案。

我突然记起了埃德·博伊登在瑞士告诉我的一句话：“我们的目标就是破解大脑。”

在一本 2013 年出版的有关生命延长科学的书的序言中，彼得·泰尔解释了计算机科学和生物科学之间的关键不同点，也就是“计算机涉及的是数据和可逆转的过程”，而“生物学涉及的则是物质和看起来不可逆转的过程”。而这种差异正在逐渐消解。他提出，计算能力将被越来越多地应用于生物领域，这可以让我们“像修复计算机程序的故障一样，逆转人体上发生的所有疾病”。

“与物质世界不同，”泰尔写道，“在数据世界中，时间的箭头可以调转方向。死亡最终将从一个不解之谜，消解成为一个可以解决的难题。”

破解大脑。破解死亡。破解生存。

衰老是一种疾病

在一众从泰尔手中获得了资金支持的生命延长研究学者中，有一位名叫奥布里·德·格雷的英国生物医学专家，他专攻老年医学。格雷是非营利性组织 SENS 研究基金会（Strategies for Engineered Negligible Senescence，意为细微老化工程策略）的主管 。不过，由于格雷对外宣称自己正在研究使活人无限延长寿命的治疗方法，遭到了不少诟病。他的观点甚是特别：衰老是一种疾病，而且是可以治愈的疾病，治疗方法应该类似这样，我们应该控诉我们共同的敌人——死亡本身。

在初见格雷本人的几年前，我就已经了解过他的研究。他是超人类主义运动中最具影响力的几位大人物之一。迈克斯·摩尔和娜塔莎·维塔－摩尔夫妇都曾盛赞过他的研究，兰德尔·科恩对他也是格外敬仰。格雷成了许多书籍和纪录片的主角，当然也登上了不少可信度参差不齐的新闻报道。他通过多种渠道科普着自己的理论，而其中最广受追捧的一次宣传应该是 2005 年的 TED

演讲。在他向大众推广的观点当中，所谓的“寿命逃逸速度”颇受欢迎。这一观点认为，生命延长领域的技术进步速度将会不断加快，直到未来的某一个时刻，届时，人类每年的平均寿命都会增加一年以上。到达这个时间节点后，我们就可以把死亡轻易地甩在身后了。在过去100年甚至更久的时间里，人类预期寿命的增速大约为每过10年延长2年；然而在这场生命延长运动中，他们乐观期望则是：不久以后，我们会达到一个增速突变的时间节点。那时候，就像格雷所说的那样：“将有效地消除你的年龄和第二年死亡的概率之间的关系。”

在超人类主义者和生命延长狂热分子当中，“寿命逃逸速度”的概念仿佛是一种信念般的存在。例如，这是摩尔在跟我交谈时经常提到的概念，他将之视作希望的源泉。因为这样一来他自己就不必依赖人体冷冻这个无可奈何的退路，来确保自己的生命得以延长。这也是库兹韦尔和特里·格罗斯曼（Terry Grossman）于2004年出版的《奇异的旅行》（*Fantastic Voyage*）一书中提到的核心假设：如果像作者那样的中年男性能够活到120岁，那么他们就极有可能将会见证永生的时代。

8月的一个早晨，我在旧金山联合广场附近的一家大型酒吧里和格雷见了面。那时，他刚刚在同一条街的希尔顿酒店里结束了一场面向房地产投资人的会议访谈。早饭后不久，格雷这个对饮酒几乎没有时间限制的家伙，刚吹掉了啤酒上层的浮沫，这也许是他今天喝下的第一品脱啤酒吧。

从外表和装束来看，格雷相当特立独行。他看起来就像是一个高高大大、略显灰暗的稻草人。他的胡子长得让人吃惊，犹如电影《魔僧》（*Rasputin*）中主角那样的精细的赤褐色胡须，胡乱地披散到了肋骨的位置。这胡子几乎和他那普罗米修斯式的主张一样出名。在互动的过程中，这胡子的影响力让人几乎无法忽略，它不光在视觉上分散了我的注意力，而且也干扰了格雷本人的演讲：这让他的声音听起来洪亮却又闷声闷气，也导致他兴致勃勃地介绍研究进程时，我偶尔会因为听不清，需要请他重复刚刚说过的话。

在过去几年中，由于工作的原因，格雷常年在剑桥、加州两地奔波往复。他通常会搭乘从希思罗机场飞往加利福尼亚的午夜航班，不过他本人却没有表现出任何因时差导致的不适，甚至还宣称自己对时差问题完全免疫。在过去几年里，他把 SENS 研究基金会的大部分业务挪到了硅谷，那里的文化更加适合他无限再生、永葆青春的愿景，也更加贴合最终战胜死亡的可能性。

格雷说："我发现，硅谷有远见的人更多一些，他们并没有丧失高瞻远瞩的能力。"他捋了捋胡子，开始聊起了自己的工作。他用英国上流社会那种特有的拖沓腔调讲着话，天然自带一种令人厌烦的讽刺感。

尽管泰尔是 SENS 研究基金会的主要赞助人之一，但迄今为止，最大的赞助者实际上是格雷本人。2011 年，在母亲过世后，他在伦敦切尔西区继承了一套价值高达 1 100 万英镑的房产。他把这笔遗产注入了 SENS 研究基金会，从而凭借着捐助注册慈善组织的名义，成功避缴了全部的税款。

不过，寻找治愈衰老的方法可是一项"烧钱"的工程。他需要给外部团队，也就是一群全职科学家雇员支付工资。按照格雷自己的估算，依靠那笔遗产，SENS 研究基金会还能再运转一年左右。所以我遇见他的那段时间，他正全神贯注地寻找外部的资金来源。这就是为什么他在那天一大早，就忙不迭地去给那一群有钱的旧金山湾区的房地产投资者兜售"永恒"的概念，这也是我现在有机会跟他交谈的原因。

实际上，格雷在说服的艺术方面颇具天赋。在我们交谈的前半段，他捕捉到了我的怀疑态度，然后无情地进行了质问（这并非完全无效），一步步地否定了我那些质疑中隐含的基本假设。

格雷首先说服我摆脱对“消除人类死亡”这一愿景既期待又恐惧的矛盾心理。人们拒绝大幅生命延长的主要理由在于，这或多或少会消弭我们的人性。在他们看来，正是因为自身的有限，生命才被赋予了意义，也就是说，永生实际上是一种炼狱般的存在。不过他却认为，这些只是“令人尴尬的幼稚思想和犹如白痴的自圆其说”。他说，死亡是射杀人类的猎手，是残忍地折磨着我们的刽子手，可我们居然会用一种斯德哥尔摩综合征式的扭曲情感来处理这种情况。这简直是为人所不齿的。

格雷还说，这个事实的残酷之处在于，衰老是一场规模难以想象的巨大人类灾难，是一场糟糕的大屠杀，每个人都逃不掉这场有条不紊的、全面的歼灭战。他是极少数认真对待这场人道主义灾难的人之一。

格雷大概就是这么说的。精明、激情洋溢又善于表达，这是我脑海中浮现出的对他的评价。

格雷说：“我每天在击退衰老这条路上所迈出的每一步，都是在拯救成千上万条生命啊！”他把拳头狠狠地砸向了木头桌面。

他还说：“死亡的数量相当于每周发生 30 次‘9·11’事件！而我是在保护 30 个世贸中心。”

再生医学科学相当复杂，但格雷为听众提供了一系列经过简化处理的解释文字。在这种简洁版的解释中，他最喜欢的修辞手法是让听众把身体想象成一辆汽车，也就是一个复杂的连锁机制。通过常规维护，这辆车在适宜的路况下可以无限地行驶下去。

“基本上，人类的躯体就是机器。”正如他在 2010 年的一场 TED 演讲中提到的那样。这个想法就相当于，我们应该“定期检查身体并且修复损伤，从而推迟损伤所造成的影响急剧扩大的时刻”。

“所有这些技术都是在将身体的分子和细胞结构，恢复到成年初期的状态，”格雷告诉我，“总体而言，这只不过是修复了我们身体的自损伤，也就是那些自从出生以来机体就会因为各种日常操作而导致的劳损。”

之后，格雷解释了 SENS 研究基金会的两个组成部分。其一是“SENS 1.0”，也就是组织现在正处于的阶段，涉及了多种治疗法。如果能够得到充足的资金支持，这些疗法就有可能在未来 20 ~ 30 年间得到长足的发展。他解释说，这些疗法可以给像他这样迈入中年的人带来额外 30 年的健康生活。虽然一些同行已经成功被他说服，不过大多数都觉得这样的想法太过乐观。而在第二部分“SENS 2.0”中，我们将跨入科幻小说所描述的领域，达到人类寿命的逃逸速度。

格雷说：“在最初的 30 年过后，这批人会开始重新寻求进一步‘变年轻’的方法。到那时，疗法自然而然也会更加先进，因为就科学发展而言，30 年其实是一段很长的时间了。因此，几乎可以百分之百地确定，相比于第一轮的治疗，我们在第二轮势必会更有效地让这些人拾回青春。而这也意味着，我们能够无限期地比死亡与衰老更超前一步，到了这个时间节点，我们就能够让人们的身体永远保持在二三十岁的状态。根据保守估计，这意味着人类寿命可以迈向 4 位数。”

“你是说4位数吗？”我问道，同时把录音器从桌子上拿起来，向他那醒目的大胡子挪近，“比如1 000年？”

“是的。”格雷答道，“正如我所说，这只是一个保守估计。这是显而易见的，它绝对符合逻辑。老年医学领域也已经逐渐开始认同我的想法，认同再生治疗是推迟衰老带来的影响的最好方法 。只可惜，他们可不想赌上自己的经费，来证实这种‘大幅生命延长’的概念。因为这种思想被视作彻头彻尾的天方夜谭，即便我总是在强调，它是完全符合逻辑的。于是乎，他们觉得绝对有必要与我的这些想法划清界限。”

我说：“我只想确认一下，我现在35岁左右。你觉得我有机会活到1 000岁吗？”

“有50%的可能性吧。”他说，“这很大程度上取决于募资的进度。”

格雷中断了谈话，转身走回酒吧。他独自一人坐在桌边啜饮着咖啡的时候，我开始尝试去理解他刚才告诉我的话到底意味着什么。我审视着他的逻辑推理以及他那些似乎明显合理的方法，察觉到了一种熟悉的不安。我情不自禁地把他最后得出的结论看作了一种彻头彻尾的非理性的东西。然而由于对遗传学以及老年学领域知识的欠缺，我的这些怀疑无法得到足够的支撑。所以不仅仅是出于礼貌，也是出于对未知的谦逊，我自己不愿意告诉格雷，他所说的话，根据我有限的理解来看完全是痴人说梦。

格雷回来了，手上又握着一杯啤酒。我告诉他，坦白地讲，我不相信他或者任何人能够找出治愈死亡的方法。

“好吧，可是为什么呢？”他说。他眯起眼，透过酒杯盯着我看。

格雷说，我的问题在于太执着于那些所谓“专家”的权威和意见，却没有审视这些“专家”的既得利益。他们只是需要说出那些批判意见，需要对格雷的研究、对大幅生命延长的可行性进行批判，即便这可能并不符合他们内心真正相信的东西。这些“专家”只是根本不敢持有争议性的立场，担心这些言论会影响流向自己研究的资金。

格雷相信，其他老年学家会留意到媒体上对格雷的评论，然后他们会明确地决定不再接近他的研究，甚至避免读到有关这些研究的内容。因为作为科学家，他们非常了解自己，知晓自己做不到“在读那些逻辑流畅、思路正确的东西时，故意不去承认它的正确性”。

换句话来说，问题并不在于同行们觉得格雷的主张是荒谬的甚至是不成立的。实际情况可要比这糟糕得多：他们害怕被这些主张的正确性说服，害怕这会让自己变得荒谬可笑。因此，如果我没有理解错的话，格雷的意思是，让老年学研究同行们拒绝他的研究的根本原因，正是由于这套理论那不可抗拒的说服力。

这就是格雷那无法破除的自我信念循环体系。

不过，在“有更多有远见卓识的人”的硅谷，则完全是另一种情况。旧金山湾区总体的文化对待技术可能性的那种温和惬意的氛围，正合了格雷的心意。在这种激进乐观主义的社会环境中，他给自己的项目寻找到了最佳的发展环境。顺便提一句，他觉得“激进乐观主义”这个形容简直是问题百出。他用戏剧性的嘲讽语气重复着：“‘激进乐观主义？’，怎么听起来，好像你想说的是过度乐观。显然不是这么一回事儿。”

SENS 研究基金会跨过大西洋，搬到了离谷歌山景城园区不远的地方，这种靠近或许不是偶然的。长期以来，生命延长技术一直是谷歌创始人拉里·佩奇和谢尔盖·布林（Sergey Brin）关注的问题，它已经逐渐成了谷歌公司“登月”文化的一部分。谷歌内部的企业风险基金谷歌风险投资公司（Google Ventures），于2009年在前科技企业家比尔·马里斯（Bill Maris）的领导下成立。马里斯曾经说过，他相信人们的生命跨度有可能延伸到500年。他个人希望，自己能够活足够久，而不用死去，所以他在生物科技领域投入了相当多的资金。正如《彭博市场》杂志（*Bloomberg Markets*）提到的，2012年，他的朋友雷·库兹韦尔得到谷歌的雇用，就是“为了帮助马里斯和其他谷歌人理解机器超过人类生物的世界”。

2014年，谷歌成立卡利科公司，致力于新兴生物技术研究。这是一家以抗击衰老、治疗与衰老相关的疾病为目标而建立的研发公司。格雷听闻非常高兴，他在《时代周刊》中，借用温斯顿·丘吉尔的话描述了这一宏图大志：“谷歌建立的致力于延长人类生命的卡利科公司，不是终点，甚至也算不上是终点的开端。但是，它或许可以被视作开端的终点。”他将佩奇和布林开设新公司的决定看成了对自己研究的一种辩护。他觉得这是非常令人鼓舞的迹象，这昭示着这场抗击衰老的战争很快就在人们的眼中变得胜利有望了。不过格雷对我说，如果是他站在佩奇和布林的位置，那么很明显，他会决定把钱交给格雷。

我离开了酒吧。在泰勒大街上，我回过头透过窗户看向酒吧，格雷仍然坐在桌边，他把笔记本电脑放在面前，手指在键盘上快速地敲击着。正午的酒吧阴沉又昏暗，而对比鲜明的是他被屏幕那不太真实的白光照亮的脸庞。在那一刻，他蒙上了一种中世纪圣人似的奇怪的朦胧感：极度瘦削，眼中透着“圣怒”。我站在那里出神地端详着他，可能就这样待了足足一分钟。我想象着，像格雷这样疯狂地相信某件事会成为现实是怎样一种感受——如此迫切，如此执着，又如此笃定。他没有抬头，我猜，他已经把我抛在脑后了。

人与人之间最极端的不平等

在 2011 年《纽约客》的一篇封面文章中，泰尔谈到了他对生命延长研究领域的投资理念，他的资金有不少流入了与格雷的项目类似的研究。由于这些高尖端技术的受益者势必会是那些有钱的富豪，人们也不禁发问，这些项目是否会加剧本身已经非常严重的经济不平等。对此，泰尔给出了这样的回答："或许，人与人之间最极端的不平等正是有的人还活着，而有的人却已经死了。"富人得到的所有好处，比如豁免死亡，最终都会以某种方式流向剩下的其他人。

泰尔还有一个更受争议的慈善项目——泰尔基金会奖学金（Thiel Foundation Fellowship）。他准备了高达 10 万美元的奖励，希望以此鼓励那些年龄在 20 岁以下的天才们，从大学休学两年，全身心地专注于创业。2011 年获得这项奖学金的青年才俊中，有一位名叫劳拉·戴明（Laura Deming）的麻省理工学院的尖子生。戴明来自新西兰，12 岁那年，为了给麻省理工学院生物老年学科学家辛西娅·凯尼恩（Cynthia Kenyon）担任助理，她选择移居美国。1986 年，凯尼恩发现了一种可控突变，借此将一种秀丽隐杆线虫的寿命延长了 6 倍；通过调整蠕虫 DNA 中的单一基因，凯尼恩又使一种自然生物的寿命从 20 天延长到了 120 天，并且长期保持着生命在第五天时的活跃状态。2014 年，她成了卡利科公司负责衰老研究的副总裁。14 岁时，戴明就成了麻省理工学院的一名生物学本科生，而获得泰尔基金会奖学金的时候，她也不过刚刚 17 岁。在这笔资金的帮助下，她设立了第一家专注于延长人类生命跨度的风险投资基金。

当我在米慎区一座豪华但却毫无个性的建筑顶层见到戴明的时候，因泰尔基金会奖学金而得以诞生的风险投资公司——抗衰老研究基金（Longevity Fund），走到了它的第三个年头。初见她的那一刻，我被这种视觉冲击惊呆了，她和大多数人（包括我在内）脑海中那些专注于生命延长风险投资的人的刻板形象完全不同。例如，她不是已经在科技领域积累了巨额财富，希望保证无限的生命跨度，借此享受资本主义的硕果的美国中年白人男子。她是一个年轻的亚裔女孩，虽然在14岁时就考入了麻省理工学院，但她却和我印象里曾经遇到过的各种天才“怪胎”丝毫不同。戴明身上那种商务式的干练和轻度自嘲的态度，并不能抵消她身上散发出的一股强烈的书生气。不过，这种书生气质就更让我震惊了，因为坐在距我一个会议桌之遥的这个女孩，比我过去数年曾经教过的许多英国文学专业的本科生都要年轻。

戴明极小的年龄、在商业世界的地位，以及她的工作本质，这三点交汇在一起，让我产生了一种强烈的认知失调。但是，考虑到“过去13年里，她一直一门心思地研究死亡”这个事实，这一切又开始变得合情合理起来。

“我一直都觉得延长人类寿命是件正确的事情。”她字斟句酌地说，“在我8岁那年，奶奶来看望我们。我记得那时候，我很想和她一起玩，却发现她没办法像我那样跑来跑去。那时候我意识到，她身体里有些东西好像坏掉了。我想，势必有人正在为治疗奶奶的这种疾病而努力。但我很快便意识到，其实没有任何人在研究相应的治疗办法，因为我奶奶身上出现的问题，在大家看来并不是一种疾病，甚至没人会觉得它是错的 。”

不久之后，戴明开始明白，奶奶身体被破坏的过程只是一个绝对、最终的崩塌的先兆症状。而这种崩塌将使她在未来的某一天，彻底不再存在于这世上。在戴明洞察到奶奶的命运之后，一种不安的情绪油然而生，而接踵而至的是一个更加深刻的认识：她突然意识到这整个过程是一个普遍现象——是她的父母、朋友以及她认识或不认识的每一个人，甚至包括她自己，都会遇到的普遍现象。

“我哭了，”戴明说，“一连哭了 3 天。”

自此，戴明开始着迷于一个念头：将自己的一生奉献于解决这种不可接受的情况；到 11 岁时，她就确立了自己的壮志雄心——在衰老生物学领域开创一个营利性实体。

戴明对“延长生命”这个词的使用十分审慎。她在我们的谈话中用了几次，但后来又纠正了自己，表示自己更愿意将其表达为“扭转衰老的过程”，或者“改善人们变老的过程的体验”。她说，“延长生命”这个词存在的问题在于它会引发“没有科学背景的狂人们的盲目自信，认为自己永远都不会死去”。

我从戴明那里得到的感觉是，她小心翼翼地将自己的研究与更加神奇的技术不朽区别开来了，而且精明地淡化了自己对于根除死亡的执念。她说，现代医学的一个奇特的现状是，许多制药公司都在寻求治疗癌症、糖尿病和阿尔茨海默征的方法。虽然这些病症绝大多数都是由衰老引起的，但却几乎没有任何公司在研究这种基本的状况本身，也没有人在努力解决随着时间的推移，人类有机体细胞衰退的问题。

戴明说：“我相信，由于衰老而导致的死亡是人类面临的最大问题。但当我和人们谈论投资或者风险投资基金的时候，我不会谈论这些事情。讨论它，有种在讨论邪教的感觉。人们并不会将生命跨度的大幅延长视作一种可投资的模式。因为，如果你没有充分理解这种可能性，如果你没有深入到相关的科学研究中，那么这一切看起来就会很疯狂。”

就投资前景而言，戴明对已经上市的药物感到格外振奋，特别是那些治疗糖尿病的药物，它们表现出了有望延长生物体寿命的一种未开发的潜力。

戴明说：“在胰岛素、血糖水平和寿命之间存在着某种奇怪的联系，但是，我们还没有弄清楚它们具体的机理。”

使戴明兴奋不已的是一种名为二甲双胍的2型糖尿病治疗剂，它能防止多余的糖释放到血液中，并且能够减缓细胞代谢的速度。她说，测试证实，这种药物能够显著地延长大鼠的寿命。在我们交谈后不久，我读到了一则新闻，它的主要内容是美国食品药品监督管理局批准了一项为期5～7年的将二双甲胍用于人体的临床试验。该试验将在纽约阿尔伯特·爱因斯坦医学院进行，名称为“二甲双胍对衰老的靶向作用研究”（简称TAME）。我在谷歌新闻上搜索了这种药物，并在《每日电讯报》上发现了一篇对“科学神童”戴明的采访，这篇采访称她为一只深入研究抗衰老“魔法”的“领头羊”。这篇文章配上了一张戴明在实验室里进行实验的照片，照片上方是记者们惯用的提问式标题——《这颗药丸会是永葆青春的关键吗？》。

那一天还很遥远

在儿子过完3岁生日后一周左右，他突然开始对与死亡相关的问题产生兴趣，开始格外关心他母亲和我的死亡。在听我们谈论到我妻子的祖母时，他立即开始好奇：她是谁？她去哪儿了？我不想讲宗教里的转世故事，也不想哄骗他，所以别无他法，只能告诉他，妈妈的祖母已经不在人世了，因为在他出生前，妈妈的祖母已经去世了。在那个时候，他已经熟悉了“死亡”的概念，但只是从抽象和技术的层面有所了解，知道了这是一种会发生，或是可能会发生的事情。事实上，我们之所以会给他普及这个概念，主要是为了阻止他在汽车前面跑来跑去。我们这样告诉他：如果哪天他被车撞了，那就会是一切的终结，他就会永远离开我们。

“所有的一切都没有了，”我们说，“就都结束了。”

前段时间，儿子表哥的狗“粗毛”因为年纪太大去世了，但我和太太并没有解释说“它只是躺在厨房的地板上，就那样安详地离开了”，我们告诉他，“粗毛”自己不够小心，所以被汽车撞死了。“嘣”一声巨响，然后就死了。

但是，现在，他想知道为什么自己的妈妈的祖母去世了。

“是她自己不小心吗？”他问。

开始时，这还让我们有些想发笑，但到后来，我们却一点也不觉得搞笑了。我妻子的祖母已经过世很多年，当她在世时，我只与她有过几面之缘。但是，对于失去她，对于那种可怕的事实，我现在仍然能够感觉到一种微弱的、淡淡的悲伤。我试图回忆起她的长相，但脑海中能够组织起来的画面，只不过是一个模糊的老年妇女的形象。个子不高，白发，戴眼镜。或许，走路的时候会拄拐杖。这就是最极端形式的不平等。

我们告诉他，那时候她已经变得非常非常老了，是否够小心，对她来说已经不再那么重要了。当人们变得非常非常老的时候，他们就会死去。

这对他来说就像是个大新闻。根据他以前的认知，死亡是只会发生在那些被汽车撞到的人身上的事情，或者在更戏剧也更令人兴奋的场景中——是当好人射击坏人时，坏人会面对的后果。

儿子突然很想知道，我们以后是不是也会变得非常非常老，然后死去。

我们感觉别无选择，只能把事实全盘告诉他——是的，我们最终也会变得非常非常老，然后死去，只不过那一天还很遥远。所以，我们告诉他，因为还有很长很长的时间，所以当死亡真正发生的时候，它似乎就不会那么糟糕了。可是，他仍然拒绝接受这件事。他不想我们变得非常非常老，然后死去，甚至很长很长时间以后也不可以。

有一天晚上，我妻子把他安置在床上，他又开始聊起这个话题。

“爸爸妈妈们都会变老，然后死去吗？”他说。

妻子意识到应该保护他，避免让他意识到死亡本身的恐怖，所以告诉他：当他长大到爸爸妈妈的年纪，或许就没有死亡了，或许他就不用再担心这件事了。毕竟还有很长的路要走，谁又能知道“现在”和“过去”之间会发生什么呢。她说，有很多非常聪明的叔叔阿姨们正在非常努力地研究死亡问题，或许他们会破解这个难题。

“你知道爸爸有时候会去美国，去给他正在写的那本书收集材料吧？”

“是的。”他说。

“好吧，那就是爸爸的书在介绍的东西，都跟未来有关，等你长大了，或许就没有人必须要死亡了。”

我们找不到通向天堂的道路，但是，这似乎是一个不错的替代品。尽管这不是一个强有力的或令人振奋的想法，但却是释放死亡所带来的精神压力的一个释压阀。这个说法似乎奏效了。死亡的难题就这样被破解了，至少在我们家，至少在当下。

11

原则 3：寻获生而为人的意义

我们是否应该利用科学和技术来克服死亡，变成一个更为强大的物种？

在2015年秋天，我的一位朋友买了一辆长13米的露营车，准确地来讲，这是一辆1978年款的蓝鸟牌房车。经过一系列改装，这辆车看起来像一副巨大的棺材。随后，这位朋友就驾驶着这辆车一路向东，横跨美国大陆腹地。他做这件事的原因既复杂又矛盾，不过，你只需要知道，此举是为了提高公众对两件不同但又相关的事项的认识。第一件是，令人遗憾的人类会死亡的事实，以及试图破解死亡的必要性；第二件是，2016年，他就会成为美国总统的候选人。

这个男人的名字叫佐尔坦·伊斯特凡（Zoltan Istvan），在他开始横穿美国的旅行时，我们认识已经一年有余了。他从自己生活的旧金山湾区启程，到达佛罗里达群岛，之后一路向北驶向华盛顿特区。他计划登上国会山，然后暗借马丁·路德发布《95条论纲》（95 *Theses*）的方式，将一份《超人类主义者权利法案》（*Transhumanist Bill of Rights*）贴在国会圆形大厅华丽的铜门上。

在《赫芬顿邮报》上一篇题为《为什么总统候选人正开着一辆名叫“不朽巴士”的巨大棺材横穿美国》的文章中，伊斯特凡阐述了理由。他写道：“我希望，我的不朽巴士将会成为世界上不断发展的长寿运动的一个重要标志。我要用这种方式来挑战公众对‘死亡是好还是坏’这个议题的冷漠态度。一辆可驾驶的巨型‘棺材’势必会掀起全美的大讨论，很有可能会吸引全世界的人都参与进来。我坚信，下一次民权辩论的主题将会是关于超人类主义的：我们是否应该利用科学和技术来克服死亡，变成一个更为强大的物种？”

我和伊斯特凡在皮埃蒙特的那次会议中相遇，是汉克·佩利谢尔向我们介绍了对方。伊斯特凡身材魁梧，风流倜傥，而且还带有那么一点俏皮的时尚，他就像是一个真人版的肯娃娃[①]，或者是一个符合雅利安优生理论的真实例子。伊斯特凡给我的第一印象是，他不是传统意义上的超人类主义者。他很有礼貌，浑身散发着魅力，不会明显给人奇怪或尴尬的感觉。

伊斯特凡给了我一本他最近出版的书，名为《超人类主义者赌徒》（*The Transhumanist Wager*）。这是一本拙劣的小说，讲述了一位名叫杰思罗·奈茨的自由职业哲学家的思想（与伊斯特凡有某些相同特点）。奈茨乘船环游世界，宣扬生命延长研究的必要性，并最终建立了一个浮动的自由城邦：Transhumania。这是一个无人值守的科研天堂，人们在这里从事着延长人类寿命的相关研究；这也是一个没有法律约束，属于科技富豪和理性主义者的乌托邦。在这里，伊斯特凡向神权政治统治下的美国发动了一场无神论圣战。

几天以后，在旧金山教会区的一家咖啡馆里，伊斯特凡告诉我，2013 年，他把书寄送给了 656 个代理和出版商，却没有一家出版社愿意出版。他说，仅仅是寄送书稿的邮费，就花了他 1 000 美元，于是，他只能自掏腰包出版。不过这本书的销量以及它在超人类主义者运动中起到的影响让伊斯特凡倍感欣慰。他说，这本书开启了人们的讨论。这本书的封面是他自己设计的，上面印着他呈绿色的侧脸照片，正凝视着一个空洞的人类颅骨。他自己率先承认，从美学角度来看，这个封面设计并不是很成功。

“这本书的影响力本来应该像《哈姆雷特》一样，”他说，“你知道的吧，

① 肯娃娃是美泰公司在推出芭比娃娃，接收到数千封央求“给芭比一个男友”的来信之后，推出的另一款人物玩偶。——编者注

就是约里克的那一幕，让我去面对死亡的前景和所有一切。但我不确定它是否有《哈姆雷特》那种影响力。”

我低头瞥见了放在桌子上的那本书，并没有否认它的影响力。当时，我们坐在咖啡馆后面的院子里，沐浴着令人目眩的正午日光。我注意到，在所有的顾客中，我们是唯一在聊天的一桌。咖啡馆里的其他顾客都是独自一人，在苹果笔记本电脑上敲打着文字。每当身处旧金山的时候，我总会有一种被人投放到某个乌托邦社群的虚幻感，它的场景过于注重象征意义。这就是现实的问题之一：它很像一部糟糕的小说。

“我看过更糟糕的封面。”我说，根据我的印象，这确实是肺腑之言。

至于我对伊斯特凡的印象，他就是一个 40 岁出头，正在试着找回自己年轻时的青春活力的人。20 多岁时，他从哥伦比亚大学拿到了哲学学位，然后自己修理了一艘古董级老游艇，装了满满一船的 19 世纪俄国小说，独自一人开始了环球航行。在航行的过程中，他靠着给国家地理频道拍短纪录片解决了一部分资金。旅途当中，他发明了一项名叫“火山滑板”（Volcano Boarding）的极限运动（基本上和滑雪一样，只不过要在火山山坡上做这件事）。在报道越南的非军事区地下仍然埋藏着大量地雷的时候，伊斯特凡差点儿踩上这些“设备”，当时他还在前进，向导突然从身后抱住了他，把他按倒在地。太惊险了。他踩过的地方，距离一枚突出地面的未爆的地雷只有几厘米远。

当伊斯特凡为自己编纂人生传记，也就是属于他的故事时，他变成了一个超人类主义者；也正是那时，他开始着迷于打破人类生命的有限性，着迷于研究人类存在本身的脆弱性。他返回加利福尼亚后，开了一家房地产公司。借着那些年宽松的金融文化，他快速买卖了很多房子；他虽然讨厌这份工作，但又擅长做这行。没过多久，他就赚得盆满钵满。刚好赶在 2008 年经济危机爆发前，他变卖了一半的地产，摇身一变，成了一位百万富翁。他留下的产业包括西海岸的几套别墅、加勒比的几块地皮和一座很美的阿根廷葡萄园。他俨然成了一位理想主义的美国资本家：一个有着奇怪的欧洲名字的二代移民，白手起家的百万富翁。其实，这个过程并没有多少艰难，体系和钱帮了他大忙。

这笔钱足以使他过上财务自由的生活，让他有精力花上好几年的时间去撰写那本《超人类主义者赌徒》，描绘他所关于“通过科学实现身体不朽的可能性和必要性”的想法。

在米慎区的那天，伊斯特凡说，他身为妇科医生的妻子丽莎最近对他做的事情展现出强烈的兴趣。当时，丽莎刚刚生下第二个孩子，但随着旧金山湾区生活成本的指数级上涨，而且伊斯特凡又不愿意再卖掉更多房产，她开始为两个女儿未来的教育经费而担忧。据伊斯特凡自己说，他本人并不愿意在这种事情上面烧钱，因为当他的女儿们即将成年时，技术或许已经足以将哈佛大学或耶鲁大学学位所需的内容直接上传到她们的大脑，而花销仅仅是今天完成这一系列教育所需资金的零头。

伊斯特凡说，大多时候，丽莎都能容忍他的观点，但将自己孩子的未来都押注在某些用未来技术进行干预的空想概念上，她是难以接受的。

“很显然，她对超人类主义的想法有一点儿抗拒。”伊斯特凡解释道，“因为在不远的将来，她自己掌握的全部专业技能都会被淘汰。生孩子这件事会变成过去时。未来，我们可以通过体外培育和其他诸如此类的技术来制造婴儿。”

“你的太太听起来像是一个聪明女人。”我说。

“哦，她确实是，”伊斯特凡说着，喝完了拿铁，“一个非常聪明的女人。”

几个月后，当伊斯特凡通过电子邮件告诉我，他准备竞选总统时，我第一时间给他打了电话。我问的第一件事就是，他太太对这个计划的态度。

“好吧，从某种程度上来讲，是她影响了我，”伊斯特凡说，“是丽莎让我产生了这个想法。你还记得我说过她希望我做一些具体的事情，找一份像样的工作吗？”

“我记得，”我说，“不过，我觉得她的意思不是想让你在那不朽的舞台上竞选总统吧。”

“你说得对，”伊斯特凡肯定了我的猜想，“她花了好长时间才接受这个想法。”

“你是怎么和她说的？”

“我在冰箱上留了一张便条，然后出去逛了几个小时。”

技术的目标是修正，是拯救

我并没被伊斯特凡的行为过度地惊吓到，实际上，我很喜欢他。这一点很重要。从许多方面来看，他是超人类主义中最不靠谱的方面的化身。超人类主义非常极端，无视人类的细微差异，无视人类的所有方面（除了那关于人类价值的极其粗暴的工具论看法）。

有一次，伊斯特凡给我讲了一个故事。他曾经和家人居住在旧金山北湾区的高端住宅区磨坊谷（Mill Valley），这个故事就发生在这里。一天，他来到附近的一家咖啡店，单纯想从家里出来换个环境，用笔记本电脑做些工作。这时，一个男人带着他未成年的儿子走进了咖啡店。那个孩子明显智力上有些问题。他从父亲的手里挣脱出来，开始在咖啡店里四处乱跑，撞翻了桌子，打翻了东西。伊斯特凡的桌子也被那个孩子撞翻了，咖啡洒到了电脑上。

正如伊斯特凡一贯以来的观点，这个故事说明，技术可以用来避免这种令人遗憾的状况。这件事让他开始思考，人们是否能接受让这些深受折磨的人在生命早期就被冷冻保存，然后放在冰块上，保持原状，直到人们掌握了可以治愈他们病症的技术。而且从整体上来看，这对这个男孩，对他的父母，甚至对整个社会都有裨益。

不过幸好，他那台幸运的电脑还能正常运转。

伊斯特凡问："如果你是那个智力残障人士，你想被冷冻保存吗？你希望就这样聊度此生吗？你愿意每天懵懵懂懂，只知道疯疯癫癫地到处乱跑吗？你希望社会有一天突然说，我们不养闲人了？从道德的层面来讲，这些问题很难回答。但我们坚信，在 50 年之内，我们将会掌握能够治愈这样的人的技术。所以，我们如果现在冷冻保存了他，在将来会赋予他一个正常的人生。"

这种观点听起来像是急功近利的超人类主义的结论，智慧和纯粹的使用价值超越了其他一切。这让我想起了蒂姆·卡农和马洛·韦伯，想起了安德森·桑德伯格和兰德尔·科恩，他们都希望能够提炼出最纯粹的意识。在伊斯特凡的故事里，他把那个小男孩当成了一台坏掉的机器，一台没有任何目的的机器。所以在这里，技术的目标是修正，是拯救。这里必须理解的是，伊斯特凡所述故事的用意是乐观的，因为他本人就是一个乐观的人。

令我震惊的是，在竞选总统的特定仪式中，在声称人人有权以某些理由或自己的名义，去追寻绝对的权力、绝对的影响力的观点中，竟然会有一些难以避免的堂而皇之的美利坚式的观念。当然，这种观念要是只存在于理论中或只是象征性的意义就好了。

虽然伊斯特凡是一个很有野心的人，但这并不意味着他参与竞选是想赢得很多选票（如果他真的能成功走到那一步的话）。这个决定其实受到了他那无限乐观情怀的推动：死亡是一个有待解决的问题，我们所有人都可以通过技术获得永生。

这就涉及我所了解的超人类主义者这个群体，他们的价值观中最引人注目也最奇怪的地方是：作为一种文化、一个种族，人类需要摆脱自己对死亡逆来顺受的态度。我们不该抱着认定死亡不可避免的态度来生活，恰恰相反，我们要明白这种认为死亡不可避免的信念本身就是一种自我催眠，它只是逃避问题的借口。

我想要尽可能多地接近这个价值观，想要跟随它从旧金山湾区一路奔向美国的中心地带。所以，我决定登上那辆棺材巴士。

2015 年 10 月末，我加入了伊斯特凡的竞选活动。那时，他在许多方面都开始交上了好运。由于成功地点燃了媒体对他的竞选口号的兴趣，伊斯特凡摇身一变，成了超人类主义运动中最杰出的人物之一。Vice 和 Showtime 两家传媒公司的纪录片剧组追随着他的脚步穿越了加州和内华达州。他的个人品牌大幅升值，最近，他开始涉足前景光明且利润丰厚的演讲领域，出场费每场高达一万美元。

不久前还默默无闻的一个普通人，如今已经家喻户晓。而且，由于他自称为超人类主义者的领袖，媒体也开始称他为“超人类主义党”（Transhumanist Party）的实际领袖。所有这一切给超人类主义运动带来了动荡。越来越多的超人类主义运动的旧派拥趸将伊斯特凡看作无耻的篡权者，认为他不劳而获地抢占了这场运动和“超人类主义”这个词。

一个星期五的早上，我加入了伊斯特凡的汽车之旅，我俩相约在新墨西哥州的拉斯克鲁塞斯会合，他计划开车穿越得克萨斯州，下个星期一晚上去奥斯丁参加一场关于生物骇客的活动，发表竞选演讲。在这之前，他刚刚造访了阿尔科生命延续基金会，与迈克斯·摩尔见了面。我知道，伊斯特凡对那次见面既期待又感到不安，因为摩尔和其他几位超人类主义的老成员联名签署了一份声明，声明他们与伊斯特凡的总统竞选活动没有关系。伊斯特凡习惯用“长老”这个词来称呼这些老成员，不过这个词并没有什么明显的讽刺意味。这些长老表明要与伊斯特凡以及他的政党划清界限，但伊斯特凡本人也很无奈，因为他的政党并不是真正意义上的党派，参与其中的只有他和寥寥数位顾问而已。当时，奥布里·德·格雷是这场竞选活动的“抗衰老顾问”，玛蒂娜·罗斯布拉特的儿子加布里埃尔（Gabriel）是政治顾问——他曾在 2014 年竞选过国会议员。

那天早上在埃尔帕索市的酒店里，我观看了 Phoenix Channel 3 新闻频道一段关于伊斯特凡在该市进行竞选活动的报道。记者拉着长音说道：“伊斯特凡的计划是开着这个带轮子的棺材去华盛顿特区说服白宫和议会，把更多的钱投资到延长生命的项目的研究上。”这次报道也介绍了他的阿尔科之行。在我看来，这则新闻已经相当留面子了。

在拉斯克鲁塞斯主街的一家空空荡荡的二手书店外面，我等来了伊斯特凡。他的头发比 7 个月前我见他时更整洁，也更油光闪亮，他的脸和脖子因为沙漠烈日的暴晒而呈现了不同的颜色。一位身材高挑颀长的年轻男子陪在他身旁，这人留着一头黑色中分长发，宽大的双目如同苦行僧一般，他一只手握着固定着摄像机的三脚架，另一只手向我很有礼貌地打了一声招呼。

“我是罗恩·霍恩（Roen Horn），”他说，“你想永生吗？”

“我不确定。”我说。他把自己的手塞到了我手里，我感受到了他那细长的手指骨。

“好吧，为什么呢？”他说，“难道你想死吗？你认为死亡是一件好事吗？”

“这些问题不太好回答，”我说，“我可以在车上思考一下，然后再告诉你吗？”

我们沿着这条荒凉的主街向前行走，霍恩是伊斯特凡竞选活动的志愿者。这段时间，这位热情的生命延长项目的支持者在给不朽巴士之旅拍摄纪录片。这辆“超现实主义”的巴士停在了美国银行附近的停车场。伊斯特凡告诉我，他的计划是开进荒漠，开到美国最大的军事装备驻地——白沙导弹靶场，他打算在这里举行抗议活动，请求将更多的公共资金从武器开支转移到延长生命的项目上来。

这辆巴士比我预想的还要奇怪：巨大的棕色车身中部印着整齐的手绘白色字迹——“载着佐尔坦·伊斯特凡的不朽巴士”。在车尾，印着“科学 vs 棺材”的字样。车顶贴着一个向内倾斜的木板，同样也是棕色，木板上面有一些精心布置的假花。所有这些布置的效果并没有使巴士看起来不像棺材，不过已经足以帮我们了解这大概是个什么东西了。

车厢内是 20 世纪 70 年代单身汉公寓风格式的装饰和布置：配有制冰机和微波炉的迷你厨房，一张小餐桌，一张用于在路上休息的长椅；靠近车尾的地方，有两个狭窄的床位和一个卫生间（已经不能用了）；车厢的地面上铺满了橙色的绒毛地毯。

这个老迈的庞然大物还是能够胜任在路上行驶的任务的，前提是不要把它开到陡坡上，而且每过 90 分钟就得停一次更换机油。这辆巴士的机油泄露的速度真的太快了，伊斯特凡一直为这个问题揪心。这不光是因为机油泄漏会影响车辆本身的健康状况，更可怕的是，我们很可能会在高速公路上被交警拦下来，这么显眼的一辆车，被交警查处的可能性显然不低。

从拉斯克鲁塞斯出发后才半个小时左右，困难就接踵而至。我们行驶在奥庚山（Organ Mountain）地势起伏的高速公路上，当巴士开足马力爬坡时，发动机的声音变成了一种令人惊悚的刺鸣声。巴士的行驶速度已经达到了最高速——56.3 公里 / 小时。伊斯特凡把自己笨重的身躯从方向盘上方微微弯下，眼睛盯着仪表盘上那些陈旧的刻度。

“我们的发动机好像太热了。”伊斯特凡说，“我从来没见过这个表针走到红色部分，而且这座山并没有多高啊。先生们，我们可能遇到麻烦了。”伊斯特凡习惯将霍恩和我统称为“先生”——这是一种比正式用语更亲切的表达。

伊斯特凡解释说，考虑到巴士的古董般的构造，我们最好避开上坡路：越是爬坡，发动机带动巴士走得就越费力；开得越慢，从外面循环到里面来冷却发动机的空气就越少，从而导致恶性循环——发动机过热。

简单点解释就是，散热扇完蛋了。

好在这时我们终于爬上了山顶，在下山阶段，我们达到了想要的速度。随着发动机的轰鸣声逐渐减小，我也开始重拾信心，感觉我们不会在荒无人烟的地方“抛锚”了。

“我们得救了。”我说。

“别高兴得太早，”伊斯特凡高兴地说，“下坡其实更危险，因为我们得依靠那块‘40 岁高龄’的刹车片了。这辆车吧，你必须得慢点开，因为没什么好办法能拯救坏掉的刹车片。”

听了伊斯特凡的这些问题，我觉得我们应该开得更慢一些。突然，我回想起一些事情：正在开车的这个男人曾经发明了一项火山滑板运动。我猜想他是想用这样一种巧妙的方式，来使滑雪和在活火山坡上闲逛的危险性叠加在一起，寻求更多的刺激。尽管我并不确定自己是否想要永生，但我很确定自己并不想困在一辆叫“不朽巴士”的汽车上，然后“华丽丽”地一头栽到峡谷里去。

司机和乘客的座位之间有一片很大的凸起的毛绒地毯。我一般会在那里放自己的写作装备：录音机、笔记本、笔等小装备。后来我才知道，地毯下面盖着的是巴士真正的引擎。曾有段时间，伊斯特凡认为，如果他掀开这片地毯，“让引擎喘口气”，发动机过热的问题或许就能够得到缓解。由于空调设备坏了，车厢里非常闷热。当我们揭开地毯时，发动机里散发出的灼热油雾瞬间把整个车厢变成了一间“炼狱”般的桑拿室。

我解开安全带，从乘客座位上走到了沙发边，这里发动机的热气和烟味相对不是那么浓重。

“我知道，这让人很不爽！”伊斯特凡在震耳欲聋的发动机的轰鸣声中吼着，“但这确实缓解了发动机的过度发热！”

终于，我们停下车让发动机冷却一会儿，伊斯特凡走到车外去更换机油。霍恩侧卧在驾驶座后面的沙发上，用手支着自己的后脑勺，面无表情地盯着天花板。这几乎就是他在整个旅途中的标准姿势。

我在自己的座位上伸长脖子问霍恩，为什么心血来潮自愿加入伊斯特凡的竞选活动。

“我只是真的不想死而已，”他说，“我想不到比死更糟糕的事了。所以，我只是在做力所能及的事，来确保生命延长项目得到所需的资金。”

“所以，你是做什么的？”

“什么意思？”

“我指的是工作，在你还没有开始给伊斯特凡当志愿者之前。”

“我运营了一家永生生命粉丝俱乐部（Eternal Life Fan Club），”他说，“这是一个在线组织，聚集了一群认真思考永生的人。我们要的不是 500 年的寿命，而是真正的永生。”

正如许多超人类主义者一样，霍恩被格雷的 SENS 项目的重要性深深折服。对霍恩来说，格雷就像救世主再临那般的人物。

霍恩同样也是劳拉·戴明的忠实粉丝。当我提起我曾和她有过一面之缘时，他的反应就好像是我提到了某个大牌电影明星一样。

“她是我的英雄！”他说，“我好爱她。她一直在抗击着死亡。我把好多她说过的话都当作模因了。”

霍恩打开了自己的笔记本电脑，上下点了一通。为了佐证自己的话，他给我展示了一张发布在他 Facebook 主页上的戴明的照片，上面附了一句引言：“我想治愈衰老，我想让所有人都能永生。”

霍恩此时 28 岁，平日里和父母住在萨克拉门托。他的父亲是一位保险理赔员，最近刚刚退休，母亲在一家电影院工作。霍恩的父母都是虔诚的加尔文教徒，笃信被选召的人会在天堂永生，未被选召的人会遭受永世磨难。父亲相当固执，而且直言不讳地说，自己这个无神论的儿子注定是要下地狱受折磨的。

“那他对整个不朽巴士的事怎么看呢？”我问。

“事实上，他觉得还好，”霍恩回答道，“觉得我能上电视新闻参加这些活动，其实是挺酷的。”

科学是新的上帝

自奥庚山脉向东延伸至图拉罗萨盆地（Tularosa Basin）荒芜的腹地，都属于新墨西哥州白沙军事试验区那荒凉而寂静的地盘。就是在这里，技术可能性的边界、恐惧的边界，在第二次世界大战接近尾声的那段日子里被科学家一次又一次地推进。这里也是“胖子”[①]的原型、世界上第一颗原子弹的引爆地。

通过设施入口处的安检点后，你会看到一个开放式的军用设备展览室，里面展示了“胖子”的复制品，以及数十枚已经退役的火箭和炸弹。在荒漠起伏的热浪中，这些细长起伏的方尖塔就像是古代陵寝中的神秘纪念碑，就像是围成圆圈、直矗向天空的金属雄性生殖器。

伊斯特凡从背包上取下了一条横幅（这是他特地为这种场合准备的），然后跑到了一个较大的火箭前面，指挥霍恩给他拍了好几张照片，希望传递出“超人类主义党阻止生存危机”的信息。这次抗议的本来目的就是，拍摄一系列照片和短视频，上传到伊斯特凡的各个社交媒体账户上，分享给成百上千的粉丝。这就是一场伪抗议，它以政治为主题，而主题本身只是一种纯粹的形式。

我不自觉地倚靠着“胖子”的复制品，在笔记本里记录了几句话。霍恩掏出自己的手机，用 Vine 视频应用程序为伊斯特凡拍摄了一段 6 秒长的短视频：在视频里，伊斯特凡念着：“停止核战！这是一个毁灭性的生存风险！”随后，他又为伊斯特凡拍摄了另一段有关这次竞选活动核心主题的简短演说视频：我们需要将政府的开支从武器支出转移到有关生命延长的研究上来。

我在自己的笔记本里潦草地写下奥本海默引用的那句名言：“现在，我成

① 在第二次世界大战时，美国在日本投掷的原子弹被称为“胖子”。——编者注

了死亡本身，那无尽世界的毁灭者。”

在白沙导弹靶场，科学缔造了接近神和神圣知识的最直接方法。在这里，通过进行这些犹如天神战争一般惨烈的实验，人性与超越自我、实现自我的距离第一次那样接近。

奥本海默将这些核试验的代号命名为“三位一体”（Trinity）。几年后，在被问及为什么要选择这个名称时，他说自己也不完全清楚。不过，这跟他对约翰·多恩（John Donne）诗歌的热爱或多或少有些关系。

那天晚上，我们驶离州际公路，入住了一家汽车旅馆；我站在门口等霍恩从巴士上搬下他们的东西时，随手翻阅了入口处摆放的一架子的宣传单。大多数宣传单都介绍了一般的旅游景点：比如，罗斯维尔的国际 UFO 博物馆和研究中心，开心果乐园——“世界最大的开心果之家”。

还有一些宗教宣传册，我随手挑了一本，上面只有一个简单的标题“永恒”。这是一本由一个宗教团体组织出版的关于世界末日的简介。站在汽车旅馆空荡荡的大厅里，脑海中回想起一段话：万物都将不复存在，“天堂将会在巨响中消失，元素将在炽热中熔化，大地以及上面的万物都将燃烧殆尽”。我还回想起了那天走过的神秘纪念碑，那个充满仪式感的圆圈以及它所延伸出的死亡设备。

这些词句一直在我脑海中回响着，让我了解到该宗教的理念是，我或者我的灵魂会如何在我的躯体和其他所有世俗事物消亡后，通过将自我完全献给神而继续存在。“在所有被创造之物中，只有披着一副变化的、不朽的皮囊的人类才会完成从时间到永恒的转变。神用地上的尘土造人，将‘生命之气’吹在人的鼻孔里，他就成了有灵魂的活人，获得永生”。

我还记得那天早些时候，我问霍恩，他从小就在一个信奉宗教的家庭中长大，这样的成长环境怎么会塑造了他通过科学方法实现永生的信念。他回答道，没有必要再去信仰众神。

“科学是新的上帝，”他说，“科学是新的希望。”

加速人类和机器的融合

不朽巴士继续朝着奥斯丁缓慢而又艰难地行进。其间，我们路过了一个矗立在田野里的手绘标志，它透着一种匿名的骄傲或蔑视的态度。上面有一句“Make America Great Again : Deport Obama”（让美利坚再次强大：驱逐奥巴马）[①]，还有一句“Don’t mess with Texas”（别惹得州佬）。一连好几公里，我们见到的唯一地标就是各种各样动物的尸体，有狐狸的、浣熊的、犰狳的。在州际公路的路边，散落着不同腐败程度的尸体。

“到处都是死去的动物，”我在笔记本上潦草地写道，“秃鹫无处不在。”当然，是有点言过其实了。

然而冷酷的科学事实表明，没有什么是永恒的，没有什么将会持续，万物最终会死去，就像路边死去的动物一样，甚至包括道路本身。热力学第二定律坚称，宇宙处在一种持续的、不可逆的衰退过程中。我注意到手里握着的那支笔快要没墨水了，这支笔杆也正在缓慢且不可逆转地走向死亡。不朽巴士也在走向分崩离析的边缘。冷酷的科学事实表明，美利坚不会再次变得伟大，太阳终有一天会爆炸，然后吞噬地球，[②]所有的一切都会气化，得克萨斯州最终也会不可避免地被弄得一团糟。

---

① 前半句是美国总统唐纳德·特朗普在竞选时所用的口号。——译者注

② 太阳是中等质量的恒星，在演化末期会变为红巨星，并不会变成会爆炸的超新星。——译者注

那日，地和其上的物都要烧尽了。

超人类主义者坚信，科学将会帮我们逃离这种末日景象，带我们逃离逐渐腐烂的犰狳和浣熊，以及盘旋的秃鹫。然而这种信念从根本上来说就是对宗教本能的一种替代。我想到了精神分析学中“移情”的概念，患者在童年时期与父母的关系会被投射到分析师建立的图像上。超人类主义不也正是如此吗？与上帝形成的关系，难道不是被完整地映射给了科学？难道不是这样吗？意识上传、生命延长、人体冷冻、奇点，不都只是古老传说的后传吗？

我在笔记本上写道：“所有的故事都是从我们结束的地方开始的。”

为了尽可能长寿，霍恩给自己制定了一份苛刻的限制热量摄入的食谱。只可惜，得克萨斯州西部沿途的服务区、加油站和汉堡店，似乎没办法很好地满足他的需求。他本人对酒精和其他药物的克制，与他身上散发出的气息非常不搭。说真的，他那天真、理想主义的情绪给我的第一印象就是，一个正宗的南加州 Stoner（慵懒、意识不清又毫无斗志的人）。

我认为，他是一个超人类主义的禁欲者，一个基本上远离俗世，努力争取永生的年轻人。他好像是陀思妥耶夫斯基笔下的人物。他就是阿廖沙·卡拉马佐夫，就像我们在《卡拉马佐夫兄弟》头几页会读到的那样：“一旦认真思考过，他就开始相信神的存在和不朽，他就会立即本能地对自己说，‘我想要永生，我不会接受妥协的’。”

在萨克拉门托的父母家里，霍恩是直接睡在自己卧室的地板上的。部分原因是，他不想把本可以花在生命延长研究上的这点钱，花在买床上；但更主要的原因是，他对柔软的床怀有一种暧昧的敌意。这种公开宣称的厌恶，与前面提到的他对仰卧在长沙发上近乎狂热的执着，产生了鲜明的对比。

我们从斯托克顿堡（Fort Stockton）向西开了几个小时以后，驶入服务区，在一家自助餐厅坐了下来。我们旁边坐着一个头戴大牛仔帽的胖子。他旁边放着一本书，他本人正津津有味地吃着一大堆美食——肉、凉拌菜和各种碳水化合物。这时候，伊斯特凡接到了一通来自他大发雷霆的老婆的电话，抱怨他没有在去宣传自己的不朽理念前，修好漏水的卫生间。我终于逮到询问霍恩的生活方式的机会了。

“我不得不承认，”我说，“我发现这个不朽想法很难得到很好的支持。痴迷于永生，难道不正是因为你正彻底被死亡所禁锢吗？”

“可能是吧，”霍恩说，“但是，难道我们人类不就是这样矛盾的生物吗？”

我告诉霍恩，我明白他的意思，然后我们都笑了，可能笑得有点尴尬。之后我俩就在伊斯特凡和他妻子的对话中，沉默地吃完了午饭 。

霍恩吃东西时一脸小心翼翼的沉思状，仿佛在斟酌每一口咀嚼几下为宜。他不仅是一个严格的素食者，似乎还想更进一步，把进食量保持在最低限度。他说自己只是出于健康原因拒绝肉类，但我却不禁好奇，从更深的层面来看，他是不是也在拒绝死亡本身，拒绝自身的动物本性。

精神分析学家恩斯特·贝克尔（Ernest Becker）在自己的《拒斥死亡》（*The Denial of Death*）一书中问道：“我们作为一种生物的本质是什么？生物所进行的日常活动，是用各种各样的牙齿撕碎其他生物：撕咬啃食生肉、植物根茎、臼齿之间的骨头，贪婪地将果肉吞入腹中消化，将其精华融入自己的组织，然后排出浊气。每个生物都会到处觅食，将其他可以为其所食的生物纳入自身。”

身为一种动物，生存本身就是一项致命的活动。如果这么说的话，自然界是邪恶的。

当时正是10月末，服务区装饰了应季的小饰品——小号塑料南瓜灯、棉线蜘蛛网、挂壁式的骑扫帚的女巫以及其他廉价的万圣节装饰品。天花板上笔直地垂下的一个橡胶死神小雕像，刚好悬在了霍恩的头上。小死神罩着一件破烂的黑斗篷，骨头小手里握着一把塑料镰刀。尼龙绳吊着这个卡通化的小死神缓慢打转，让我一时忘记了这个便宜货本身要传达的讽刺意味。

“我只是想永远都能享受快乐，”霍恩终于坦白了，同时把一叉子干沙拉叶送向自己苍白的脸，“过去20年我吃东西的方式所延长的寿命，可能就是我能否活到研究达到‘长寿逃逸速度’那一天的关键。现在我稍微克制一下享乐，这样就能更长久地享受快乐。实际上，我是一个彻底的享乐主义者。”

“在我看来，你可一点也不像一个享乐主义者，”我说，“你不喝酒也不嗑药，而且很少吃东西。老实讲，你看起来倒像是个中世纪的传教士。”

霍恩把脑袋耷到一边，思考了片刻。我本不想提起“性”这个话题，但是，似乎又如鲠在喉，它就像我们头顶上那个橡胶小死神一样，缓缓旋转着。后来我发现，自己不必先打开话匣子，因为霍恩自己就捡起了这个话题，当然是以他自己的方式。

“你知道未来会发生的一件特别酷的事情是什么吗？”他问道。

“是什么？”

“性爱机器人。”

“性爱机器人？”

“是的，比方说用于性爱的人工智能。”

“哦，是的，”我说，“我听说过性爱机器人，这个想法挺酷的。你真的觉得那个能实现吗？”

“当然了，”霍恩回答道，边说边闭上眼睛，得意地点着头，脸上浮现出一丝得意的神情，“这是我非常期待的东西。”

他的笑是那种若即若离的。如果没有任何上下文信息，你可能会把它描述成扬扬得意。但是，实际看起来还是挺讨人喜欢的。

“我对性爱机器人的疑问在于，”我说，“为什么不去和一个真正的人做爱呢？我的意思是，所有过程都是一样的。”

他说：“你在逗我吗？一个真女孩，她可能会背叛你，你可能会染上性病，甚至可能会死。”

“这是不是有点夸张了？”

“伙计，我可没夸张，这种事确实会发生。你能明白吧，一个私人性爱机器人永远不会对你不忠，它就像一个真的女孩。”

他沉默了一阵，悠闲地喝了一口杯子里的水，又吃了好几叉子沙拉。他盯着窗外停满汽车的停车场、州际公路，还有空中一直盘旋的秃鹫。

我说：“你会不会介意我问一下，你是有过被姑娘背叛的惨痛历史吗？”

他说：“我从来都没有做过爱，也从没有交过女朋友。”

“你是在等性爱机器人吗？”

他点了点头，机灵地扬起了眉毛。我说得太对了，他就是在憋着等性爱机器人。

“挺好的，”我说，举起双手作投降状，“我希望你能活到那么久。”

他说:“我肯定可以的。”

伊斯特凡和“元老们”之间的矛盾日渐白热化，这件事也成为我们巴士上的主要话题。这冲突一直很复杂，似乎有好几个不同的因素在轮番起作用。在 Vox 网站的一次采访中，伊斯特凡曾透露消息，表明有意在选举前放弃自己的竞选活动，转而支持民主党提名的候选人。为此，伊斯特凡的早期支持者汉克·佩利谢尔辞掉了超人类主义党秘书一职，以反对这次表态。用佩利谢尔自己的话来说，这就是“压死骆驼的最后一根稻草”。

佩利谢尔的退出带来了一次震动，引发了那些长期以来一直对伊斯特凡的竞选活动持反对意见，但又未明确站出来的超人类主义者的进一步抗议。克里斯托弗·贝内克（Christopher Benek）就是反对者之一，他是佛罗里达长老会的一位牧师，也是一位举足轻重的超人类主义者。直到最近，他还一直与伊斯特凡保持着紧密的联系。2014 年，贝内克公开发表过一些前瞻性的看法，认为高级形式的人工智能应该转变为教徒，他的理由是任何自主的智能都应该被鼓励“参与宗教事业”。他曾撰文抨击伊斯特凡的“思想专制”，以及他“妄自标榜自己为美国所有超人类主义者的代表”，更指出他的竞选活动“只是尝试在全球宣告超人类主义是一项重要的无神论活动，公开反对有组织的宗教”。

伊斯特凡在 Facebook 上宣告了自己的目标，瞬间引发了更强烈的骚动。他表示，在结束总统竞选之后，将会建立“一个全球化的政党，目标是成为全球政府中的主流话语权和重要影响力”。伊斯特凡一直在主张废除国界线的理念，但现在，他似乎又开始让自己自由意志主义的逻辑矛盾地转向了威权主义的方向。虽然我很难想象会有人读过那本《超人类主义者赌徒》，但这份宣言能够进一步从伊斯特凡的支持者中，分离出那些最为极端的技术理性主义者。

随之而来的就是请求取消伊斯特凡竞选活动的请愿书。署名人威胁说，“如果它继续蜷缩在威权主义控制下，如果它否认超人类主义的价值多样性，如果它向他人释放出不必要的敌意”，就要否定伊斯特凡和他的超人类主义党。

伊斯特凡越来越多地公开表态接受奇怪的政治立场，是导致这些反对声音日渐增长的主要诱因。例如，当年夏天，他在 Vice 的科技网站 Motherboard 上发表了自己对洛杉矶划拨 13 亿美元预算用于改造街道，使其更易于轮椅通行的看法。他认为更理智的方式应该是，将这笔钱投资到机器人的外骨骼技术研究上。“让那些街道继续破烂着吧，”他写道，“在我们所处的超人类主义时代，我们应该投身于治愈残疾人的身体，让他们能够自由活动，再次拥有可以行动的躯体。”

当我和伊斯特凡讨论这个话题时，他似乎很不理解，为什么残疾人会觉得这个主张（残疾人需要被“修复”）听起来那么刺耳，却又能欣然接受城市中那些歧视性的态度和言论。毕竟，超人类主义的潜在假设是，我们都需要被“修复”：由于从一开始就拥有躯体，所以我们每个人都是残缺的。这让我回想起，蒂姆·卡农曾将变性方面的观点融合到了超人类主义的论调中。他坚称，由于拥有了躯体，他一开始就被困在了错误的身体中。

提倡研发外骨骼技术主张的失败并没能阻挡住伊斯特凡的脚步。不久之后，他又开始主张，应该采用一个更好的方法解决奥巴马政府计划从叙利亚接收一万名难民的问题。比如给这些难民的体内植入微芯片，并将此作为难民准入过程的一部分。他提出，这个政策一旦实施，将能够帮助政府追踪难民的行动，判断他们是否在筹划恐怖袭击，“监控他们是否会对社会做出贡献，是否纳税或引发冲突”等。伊斯特凡自己也清楚，这个想法多少会引发人们的反感，但他看起来并没有为此担心。这个史无前例的让政府介入人民生活，以及真正介入身体的倡议引发了大众的担忧，但对此，他却回应道：“或许“老大哥”不是坏人，他是在保护我们免受 ISIS 的伤害。”除此之外，他表示，在竞选之旅早期的一次活动上，他已经将一个 RFID 芯片植入了自己的体内，而且整个过程没有人们想象的那么疼痛。在一段试验期（比如 3 年）后，就能确定这些难民是否会对公共安全构成威胁。不过那时，他们可能并不会选择移除自己体内的微芯片，因为在不久之后，这项技术会使他们朝星巴克的读芯片器挥挥手，就可以购买咖啡了。

如果说这一切的言辞背后有一种意识形态作为驱动力量，那么在我看来，这驱动力只能是技术本身：伊斯特凡迫切希望通过一切必要手段，加速人类和机器的融合。因此，在我看来，伊斯特凡似乎很像是西奥多·阿道尔诺（Theodor Adorno）和马克斯·霍克海默（Max Horkheimer）所著的《启蒙辩证法》（*Dialectic of Enlightenment*）一书中的一个活生生的佐证——科学理性主义的进步总是向着专制的方向前进。正如他们所提到的，“今天的技术理性是专制的理性，是社会从自身分离出的强制性。”

在心情不错的时候，伊斯特凡曾提到：“如果我们能够坚持目前的轨迹，“我就能将很多年轻人带入超人类主义运动。我积极地尝试与 2000 年之后出生的人打造一场运动，这样他们就会改变文化。”他痴迷于影响力和关注度，经常大谈特谈 Twitter 上的转发量和互动次数，以及 Facebook 上的点赞量和其他指标，就好像这些东西才是新世界真正的货币。他自己的影响力有可能最终超过库兹韦尔。他一再重申，那些“长老们”在这个领域无法和他的影响力相媲美。媒体喜爱他，他也喜欢这样，他为超人类主义运动的前领袖们对于人们喜爱他这件事的气愤而感到高兴。

我对伊斯特凡横扫多学科的野心，以及他认为自身的影响力和权力必将提升到新高度的这种迷之自信，深感钦佩。他常说自己推广超人类主义的方法，特别是推广生命延长技术的方法，将会参照以前环境运动的手段——从融入普通大众起，再到融入政府，最后成为一股必须被严肃对待的力量。很明显，在这个范例里，他把自己当成了阿尔·戈尔（Al Gore）一样的人物了。

生命的真正意义

我对伊斯特凡的感觉有些复杂，甚至有些矛盾，时不时地会突然改变，时而好感爆棚，时而又厌恶至极。他的傲慢散发出一种矛盾的磁性，但同时又被一种随和的自嘲所调和。他会高谈阔论想要改变世界，想要让人们相信身体的不朽是触手可及的，然而下一刻，他又会突发奇想地搞出一些奇怪的点子，然后开着巴士再行驶好几个小时。

“真不是吹牛，我就擅长做这个。”一天下午，他在一个沃尔玛超市的停车场里这么对我说。我们去这家超市买了许多机油和一些用来收集巴士泄漏的机油的烤肉盘。

我说，我已经开始把不朽巴士当成“熵巴士”了。我们就好像坐在一个移动着的巨大隐喻之中：随着时间的推移，万物皆难免衰落，所有系统皆会崩溃。我们就这样蹒跚着横穿得克萨斯州。

有形质的都要被烈火熔化，地和其上的物都要烧尽了。

“去他的熵。”霍恩说。

“这个比喻好。”伊斯特凡说，“绝对就是这个意思。”

我已经开始对这两个男人产生了一些奇怪的亲密感：不是出于对他们谜之目标的深深同情，而是因为和他们朝夕相处，一起旅行，在一个服务区吃饭，在一个旅馆睡觉，一起在巴士的古董车板上听无限循环的汤姆·佩蒂（Tom Petty）和伤心人合唱团（Heartbreakers）的歌。这是一种同志情。我们是为了徒劳的努力而走到一起的同志，这或许可以被视作所有人类关系中最好的一种。但是，他们永远不会同意我对我们这种状况的描述，所以从这个意义上来说，我们根本就算不上同志。

这个徒劳无功的问题在巴士上被多次提及。伊斯特凡和霍恩认为，死亡让生命变得无意义。他们发问，如果在最后，一切都会失去，那么万物的意义又是什么呢？

虽然自觉没有资格回答这个问题，但我知道，假如想要阐释生命现状的意义，也就意味着，我要试着阐述死亡的意义。我问道，难道不正是因为生命最终会终结，才赋予了生命意义吗？难道不正是因为我们浮生一世，生命易逝，才使得生命如此美丽、可怕和怪异吗？另外，难道“有意义”这个想法本身不就是一种幻觉，一种必要的虚构吗？如果一个有限的存在是徒劳的，那么永生岂不就是一种无休止的徒劳状态吗？

他们说，有限中不存在美，忘却里也找不出任何意义。霍恩坚称，我的观点很明显受到了“死亡主义”思想体系的影响。这种思想体系试图通过说服自己“死亡实际上并不恐怖”来保护自己。虽然霍恩对我所说的大多数话听起来很疯狂，但我想，关于这一点他基本上是对的。这个想法已经在过去18个月里，被与我交谈过的超人类主义者，比如，娜塔莎·维塔－摩尔、奥布里·德·格雷、兰德尔·科恩，以各种形式灌输给了我。

我们驶过虚无，经过“别惹得州佬”“与以色列并肩”的路标牌，支离破碎的犰狳在沙漠的炙烤中腐烂。伊斯特凡在休息时，大口喝着他上次从沃尔玛超市买来的大瓶装绿色能量饮料。我们聊了几个小时，之后更长的时间里，是长达几小时的沉默。我们听着汤姆·佩蒂的磁带，反复放了两三遍。“追逐那个梦，那个永远不会来找我的梦。”他唱道。40 分钟后，巴士里又回旋起这首歌。

我到底在干什么？突然，整件事对我来说就好像社会特权的某种荒诞主义的拙劣模仿：三个白人男性在旷野中旅行，抗议他们终有一天会和其他生物一样要面对的最后的不公正审判，抗议那位最为公平的平均主义者——死神。在这个意义上，终老而死，难道不正是终极的第一本质问题吗？

从奥佐纳向东开了大约一个小时后，我们驶离州际公路，开到了一条狭窄的岔道上。伊斯特凡停车取出了烤肉盘——里面已经接满了泄漏的机油。我们停在一片辽阔的牧场边缘，目光所及，是一片平坦的、生长着磨砂草和矮仙人掌的半荒漠景象。我走到巴士后面方便时，抬头一看，有 5 只秃鹫在我头顶盘旋，它们就像是在天空这个倒置的深渊里的食肉无人机。我开始想象，在这些末日野兽安详的原始之眼中，我们看起来会是什么样的：三个中等体型的哺乳类动物围绕着巨大棺材状的“利维坦”，笨拙而无目的地直立行走着。但是，所有这一切：人、“棺材”、旅程，对这些生物而言，对这些根本不需要什么意义的存在而言，又有什么意义呢？或许，我们与它们眼中的风景毫无关系，只是一些因为体型太大而无法被杀戮的动物，只是某些还没死去的活物而已。

我艰难地回忆起赖内·马利亚·里尔克（Rainer Maria Rilke）所著的《杜伊诺哀歌》（*Duino Elegies*）第八首中描述动物的自由的一句话，大概意思是这样的：它们赖以眺望的开阔地带是某种我们未曾见过的风景，这指明了我们总是过度强调我们有限的生命。回到巴士上，我在手机上搜索到了这句话：只有我们看得见它；自由的动物 / 身后是死亡 / 而身前则是上帝，当它行走时 / 它走进了永恒，有如奔流的泉水。

之后，我们沿着州际公路疾驰，霍恩兴高采烈地把我们的注意力转到了一块巨大的广告牌上，上面写着："如果你在今天死去，你将在何处消磨永恒？"

"在地底下。"他说，"在地下。"

霍恩给我讲述了他在 6 岁时遭遇的一场事故。他从自行车上摔了下来，脾被刺穿，体内大出血，差点就没挺过去。在医院待了好几个星期后，他康复了；但自那以后，他心里就有了阴影，那是一个隐藏在世界轻薄表面下的黑色恐怖之物。每晚，他都会从同一个噩梦中惊醒。在梦里，他在睡觉时死了，他发现自己躺在自己的床上，什么都感觉不到，四肢不听使唤。他每晚都会梦到活人不可能体会到的经历，看到活人永远看不到的图景。自此，他开始偏离父母的宗教，偏离这种在死后等待着他的虚无的处境。

或多或少，我们已经变成了机器

巴士继续向东行驶，在路边遇到了一个服务区，霍恩打开了自己的录像机，走向了两位坐在野餐区的年轻姑娘。这个野餐区在一个褶皱的铁棚下面，两边各摆放了一个巨大的马车轮子。霍恩把摄像头对准她们的脸，问她们是否畏惧死亡。与其说是被冒犯，不如说她们感到非常困惑。不过，我并不想成为这次谈话的一部分，所以，我溜达到了服务区的另外一边。我被两位小伙子迎头拦了下来，他们盘问我，我的朋友是不是在给他们的女朋友拍视频。我指向巴士，告诉他们，我们正在和一个第三党派的总统候选人进行竞选活动，霍恩正在拍摄纪录片。

"那个家伙在竞选总统？"两个小伙子里高大一点儿的那个说道，满面狐疑地瞥向霍恩——霍恩梳着跟琼·贝兹（Joan Baez）一样的发型，穿着过膝的短裤，眼睛眨都不眨一下。

"不是那个家伙，是另外一个，"我说着，指向伊斯特凡，当时他正站在房车旁边，刚刚接完一通电话，“那个是他的竞选巴士。如果你们愿意，我可以介绍你们认识。”

我们所有人——我、霍恩、两个姑娘和她们的男朋友，都走了过去，伊斯特凡与这些人一一热情地握手、拥抱（像政客一样跟他们握手）。

“这辆巴士是什么来头？”个子稍矮也更壮实的那位男子问道。

“我们把它搞得像一口大棺材，这是为了增进人们对死亡的认识。”

“它不像是一口大棺材，”那个小伙子说，“看起来更像是一坨巨大的屎。”

伊斯特凡巧妙地忽略了这个评价，略带着点傲慢，开始解释这个活动的目标：“推动永生科学方面的投资，以便让你们能够活得更久。”

一个看上去30多岁、又矮又壮的男子从一辆卡车里走了下来，缓缓地伸了个懒腰，眯着眼睛看了眼巴士和聚集在旁边的几个人，随后溜达着走了过来。他穿着紫色的篮球短裤，黑色T恤，戴着一副奥克利太阳镜。他介绍说，他叫沙恩，他开着卡车横跨美国，终点是佛罗里达。

“你们是在这儿搞政治活动吗？”沙恩问。

“是的，我们在搞活动，”霍恩说，“你想获得永生吗？”

“当然，如果可以的话，”沙恩回答道，“我太害怕死了。谁不想永生呢？”

“这就是我们正在试图做的事，”伊斯特凡说，“我们在努力推动通过利用科学技术来终结衰老和死亡。和我们一起努力的还有一些很快就能做到阻止衰老的科学家。我知道这听起来很疯狂，但这确实是真的。实际上，我是美国一个很厉害的第三党派的候选人，我们的党叫作超人类主义党。”

“超人类主义是什么意思？”沙恩问道。

“好吧，应该这么说，它有很多意思，“不死”就是其中的一个含义。我们中的很多人希望演化成机器。举个例子，最近我父亲的心脏病接连发作了 4 次。如果我们是机器，这种情况就不会发生。”

“有道理，”沙恩礼貌地应和道，“我可能有点落伍了。”

沙恩聊了一会儿，不过倾听的时间要更久一些，随后就称自己要开车继续向东行驶了。他解释说，他不能在每个休息区停留太长时间，因为他的行程和速度都被自己车上的一台车载电脑严密地监控着，这些信息会被发送给雇主，如果他停留的时间超过了允许值，或者车速超过了限定的速度，雇主就会接到报告。我想了片刻，他或许已经提到了一个很微妙的观点：资本主义或多或少已经让我们变成了机器，甚至暗示了在不久的将来，他提到的雇主有可能会用自动驾驶技术取代他。但是，当他回到卡车上，挥手跟我们道别时，我发觉他可能并没有提出这么有隐喻意味的观点。他更像是一个有话直说的人。

用躯体和思想来践行自由

“对于那些指责你‘造物主’的人，”记者问，“你想说些什么呢？”

当时，我们正站在一个高档住宅区里的一条绿树成荫的街道上，竞选活动即将在这里展开。伊斯特凡正在接受奥斯丁电视台新闻频道的采访，他穿着衬衫和休闲短裤，发型自宽阔的前额向后精心梳理了一个背头。

“实际上，我承认我们正在试图戏弄‘造物主’。”他说。

伊斯特凡是在跟我说这句话，或者至少，当他说这句话时，他正看着我。这位蓄着胡须、大汗淋漓的记者还兼任摄影师，他请我像他那样站在伊斯特凡身旁，这样一来，伊斯特凡看起来就像是在向专职新闻记者进行说明，而不是可能因为预算不足，被迫不得不向一个身兼两职的家伙做解释。

虽然伊斯特凡当时是对着我说话，但更准确地讲，他是在向着奥斯丁电视台的观众说话，或者是向着互联网网民说话，向着那些看不见的“点击者”和Facebook上的互动者说话。这种体验略微有些怪异，就好像我自己已经不复存在，消解并融入了世界的空虚之中。

这就是最近发生在我身上的事。我开始把自己看成一种机制，信息可以通过它进行传输。我会坐在巴士上，在笔记本上记录一些谈话的片段，一些场景或感悟的细节。这时，我会把自己看作一台原始设备，一台用于记录和处理信息的机器；我站在沃尔玛超市巨大的收银台前，为自己选购的零食结账时，我会把自己看作一个巨大的用于向上传递财富的神秘系统中数百万机制中的一员。我当然知道，这是自己过度接触机械论思想的结果。但在某种意义上，我意识到自己真的一直在以这种方式看待自己。正如伊斯特凡所说的那样，没有什么比自己的形象更让人感到陌生了，没有什么比最熟悉的东西更让人感到陌生的了。

“是什么让你决定竞选总统的？”兼任记者的摄影师问道。

伊斯特凡说：“我坚信，我们应该尽可能地接纳技术，就像它接纳我们一样。”他的手势展现出了一个真正政治家的果决。在摄影机前面，他目不转睛地凝视着我的眼睛，仿佛带有一种令人信服的总统光环；突然间，他的身躯似乎变得伟岸起来，变成了一座纪念自身重要性的伟大丰碑。

伊斯特凡继续说道：“那也包括我们变成技术本身。在某个时间点，相比于人类本身，我们可能会变得更像机器。这就是我的竞选活动所倡导的理念，这就是我试图开启的对话。”

一群年轻人向我们走近。他们是奥斯丁生物骇客组织（Biohack Austin Group）的成员，来这里参加竞选活动。他们当中有人叫亚力克，有人叫艾佛里或肖恩。作为超人类主义者，他们就像是一群愣头青，带着一股松松垮垮的得克萨斯气息，穿着宽松的背心，露着肥胖的上身。

霍恩像平常那样招呼了他们，省去了传统的寒暄环节，直接询问他们对永恒生命的看法。

“我有点丧。”那个叫亚力克的家伙说道，就好像霍恩刚刚问他要不要喝点儿酒，“我们就这么做吧，实现永生吧。生命很酷。”

“真的吗？”霍恩说。他意味深长地看了我一眼，这就好像当超人类主义者坚决声称永恒生命是多么美好时，我发表了一些保留意见，然后他给我的那种温和的无声警告一样。

“兄弟，我们有很多事情要做。”亚力克说，“我不能在 80 岁的时候就死掉。至少需要 200 年才足够，250 年也可以。”

“是吗？我想问，当你看到一个真的很老的人时，你会有什么想法？”

“我会觉得很糟糕，我就是这么想的。”亚力克说，“我觉得让人很不舒服。”

我们走进了举行活动的房子，这是一个小的分层开间，里面空空荡荡的，几乎没有什么家具。我明白了，这里其实是一群松散的生物骇客共享的地盘；我看不出来，谁住在这儿、谁不住在这儿，但这里像是超人类主义者的公社，或者是某种未来主义的疯人院。即便是这种类型的活动，这次聚会的男性也相当多了。

当走进凹陷的起居区时，我们侧身挤着通过了被一个头戴棒球帽、穿着紧身 T 恤的又高又壮的男人堵住的门。他正在大口喝着啤酒，和一个稍矮一点儿的、头发染成粉红色条纹、脸上打了好几个孔的男人聊天。高个儿说话时慵懒而且拖着长音，倚靠着门框，粗大的手随意拨弄着栅栏。

“伙计，”他说，“那个人只是对代码感兴趣，所以我最后让他加入 GitHub 了。”

一个穿着印度风格衬衫的长发年轻人自我介绍说，他是奥斯丁生物骇客组织的组织者，名字叫马基雅维利·戴维斯（Machiavelli Davis）。不过，大家都告诉我们，叫他迈克就好。他来自新加坡，是得克萨斯大学的生物学研究生。

当伊斯特凡跟大家聊天时，我走到一张桌子前，旁边坐着一个穿着拖鞋、T 恤（衣服上印着一个戴眼镜的啤酒杯）的男人，正摆弄一个看起来很复杂的设备。这个设备包含一个小铝盒、很多电线和电磁继电器，以及一些形状各异的镁块，还有几个装着水的塑料杯。

这个男人名叫詹森，他向我介绍说，这个设备是他正在开发的一个叫 Heliopatch 的产品的原型，它是一个“功能性生命延长器”。他说，结合使用者的躯体，这个设备可以像电池一样工作：镁贴片充当阳极，使用者的躯体充当阴极。当使用镁贴片时，阳极腐蚀，向人体内释放电子和正离子，从而中和引起细胞损伤的自由基，并减缓衰老的过程。不一会儿，他又告诉我，他在自己的左脸内侧移植了一小块镁贴片，已经有一个月了。然后他询问了很多朋友，自己哪边的白头发更少一些。“他们好像都确定是左边，”他说，“每个人都很肯定。”

起居室变得更加拥挤了，这时，戴维斯开始讲话。他在说一些我不太明白的东西，大概跟他在泰国佛教寺院里度过的几个月有关。然后，他又讲了些东西，谈及我们生活的时代将会见证人类历史上最大的变化。他说，所有东西

“被设立，并且随时会被倾覆”。他说，生物骇客运动的兴起，人类编辑基因和强化躯体能力的提升，将会对这一代人以及后代产生决定性的影响。他说，从现在开始的几周后，他要和奥斯丁的生物骇客组织一起向沙漠挺进。这个计划是，每个人都滴上一种可以增强视力的眼药水①然后用超人般的视力凝视星辰的光辉。他说，这个实验已经在老鼠身上取得了成功，而他和同僚们将会是首批参与实验的人类。

“人类要做的，”戴维斯说，“是用自己进行实验。这是我们与生俱来的权利。对我而言，这就是自由的含义：用自己的躯体和思想来践行自由。”

伊斯特凡接过这个话题，即便没有预先准备，他也能做到侃侃而谈。他提到，这场竞选运动跟获得选票没有关系，而是为了提高人们对“即将来临的奇点”的认知度，以及让人类生活得足够长久，以便亲临奇点。他主张形态自由：这是人们绝对而不可剥夺的权利，人们可以任意支配自己的躯体，而不只是局限于人类自身。

“我希望，”伊斯特凡说，“能够看到利用技术让自己变得更像机器一样的那一天。”

我们又待了一个小时左右，伊斯特凡跟一些正在拍摄有关超人类主义纪录片的人聊了一会儿，然后转向了一个从杂志社来的想要采访他的女士。霍恩也发表了一个即兴演讲。他作为一个普通的时髦人物代表，发表了这次演讲，他戴着一副黑框眼镜，脸上挂着一丝轻微又略显紧张的笑容。这是他在永生粉丝俱乐部 Facebook 主页的视频里扮演的角色。

“你们不是主流，”霍恩对聚集在一起的生物骇客们说，其中大多数人似

---

① 一种叫作二氢卟吩 E6 的分子制成的特殊配方，它是人们在某些深海鱼类的眼睛里发现的，可以将传递到大脑的图像信号放大两倍。

乎对霍恩的表现感到困惑，“你们的想象力就如同小孩。如果你们想把自己的非主流地位拔高到更高的层次，就必须获得永生。你们知道有史以来最主流的事情是什么吗？死亡。死亡是绝对的主流。在地球上，死亡是一种绝对的主流。如果你们想要永生，那就把你们的选票投给伊斯特凡吧。”

我之前看过霍恩的这种表现，并且告诉他，他对这种主流的描述有点宽泛了——它似乎更像是虚幻中的虚幻，而不是任何真正人类的化身。而且，他在演讲里插入的这种表演性的讽刺，可能会掩盖他所传递的信息的绝对正确性。但是现在，或许因为我正在喝的异常甘冽的家酿啤酒的作用，我倒是非常享受这次演讲，而且感觉自己的胸口充满了一种异样的温柔，一种几乎是兄弟般的保护本能，这与任何正确的新闻行业操守都是相悖的。

我同意，在我们一起度过的全部时间里，霍恩几乎没说过什么有用的话。他是我遇到过的一个怪人，在过去一年半的时间里，我遇见了许多奇怪的人。我希望他的梦想不会破灭，希望只要他活着，都能一直保持自己可以免于死亡的那种感觉。他坚信“死亡让存在变得没有意义”，我觉得，这种信念赋予了他生命的目的和方向。这也是为什么人们总试图在各种宗教中追寻意义的原因。带着生而为人的怪异感，你暂时可以为所欲为。

媒体刚撤走，伊斯特凡就想马上离开了。聚会还在继续，但他明天一早还要赶航班到迈阿密，在那里，他要参加一个公司的演讲活动。他需要横穿市区，把巴士停到一个事先计划好的地方，直到下段行程开始前，一直把巴士停在那里。所以等他结束了一轮握手以后，我们再一次登上了不朽巴士。

一个多小时后，我们来到了城郊一栋空房子的后院里，等出租车来把我们送到各自的酒店。伊斯特凡和我喝着不朽巴士上的最后一瓶酒，这是一种很烈的伏特加，瓶子上印着一块闪烁的数字显示屏，有点像《杰森一家》

（*Jetsons*）里那种未来伏特加。因为喝了酒的缘故，加之在聚会上抽了烟（我记得自己以前是讨厌抽烟的），我感觉有些晕乎乎的。于是我从车上下来，到院子里呼吸一下新鲜空气。当天的夜晚温暖舒适，伴着蟋蟀轻柔的叫声。我抬头仰望星空，感到由内而外的愉悦。待在外面，待在世界里，作为一个活着的动物，感觉真的很好。

我听得越久，蟋蟀的叫声似乎就变得越急促。几个星期以前，我在新闻上看到，西南几个州的平原上爆发了虫灾，奥斯丁附近区域的损害尤其严重。昆虫数量的爆发式增长与这个夏天异常凉爽和潮湿的天气有关。很明显，在凉爽空气的驱使下，蟋蟀们急于交配——这其实是一种源自远古的预先警告，警告它们即将死亡。我所听到的蟋蟀叫声，是成千上万只雄性蟋蟀在表达它们迫切的繁殖欲望，在表达它们本能地意识到自己即将死去的哀伤。声音似乎越来越大，开始变得无处不在，仿佛是这黑夜造就了它们。

伊斯特凡的手机突然响起，那声音穿过院子传到了我的耳朵里。可能是出租车司机打来的。我深深地吸了一口气，吸入了温暖而复杂的空气，还有这芬芳的夜色。在微醺的状态下，这一切似乎都完全不合常理：有一天，所有这些都会变得让我无法触及；有一天，我会死去，并且永远无法再呼吸这样的空气，或者聆听这些声音——蟋蟀的叫声，车水马龙的声音，人们的说话声，手机的震动声，动物和机器交织在一起的信号声；甚至，有一天，我也无法感受血液中充满希望的酒精飙升，无法感受世界朝着不确定的未来前进。这样想似乎有些可笑：这些体验一生只有一次，不会重来。

我听到不朽巴士发出了空洞的关门声，伊斯特凡喊着我的名字。出租车到了，停在路边等着我们。我最后看了一眼不朽巴士那若隐若现的幻影，那个美国高速公路上的巨大棕色棺材，那一瞬间，我被这个代表生命本身的简单隐喻折服：在一个巨大的棺材形状的巴士里，三个人进行着一次难以理解而又徒劳无功的旅程，从一个无名之地开往另一个无名之地。我走向街道，走向伊斯特凡和霍恩，决定告诉他们我这个“生命如棺材巴士”的想法，告诉他们，我很高兴与他们一起参与了这次旅程，无论它有何意义。但是，当我坐到车里，移到霍恩身边的时候，伊斯特凡已经坐在前座上，又开始兴致勃勃地向我们的出租车司机兜售他那套未来人类的理论了。我立刻就被噎了回去，什么也不想说了。

结语

拥抱不朽，进入半机械人新时代

在和超人类主义者告别后不久，这一刻确实来临了——我仰躺在医院的轮床上，凝视着一块巨大的计算机屏幕。屏幕上显示了我身躯的内部结构，我仔细地观察着自己那肉感十足的结肠，并且很满意以这种分离的方式，一睹它清洁过后的本来面目。在 24 小时没进食，服用了一堆野蛮但有效的泻药，经受过这些痛苦的考验以后，我体内器官的表面终于迎来了“黄金时间”。我躺着的时候可以看到这一切，我感觉到了一种分离的怪异，但却丝毫没有畏惧，这可能是因为我刚刚被注射了一种非常有效的合成麻醉剂。

“你可以侧身到另一边吗？对，对，朝着屏幕。然后膝盖向着胸口弯曲。对了，就是这样。”

有人告诉我，这个剂量的麻醉剂可能会让我睡过整个结肠镜检查时段，但事实并非如此。我能感觉到，如果我想睡着，只需要合上眼，然后放空自己就可以了。但是，我却发现醒着似乎也不怎么难受。我盯着屏幕上的身体内部，几周以来，我第一次感受到了心境上的平和，这是我看到抽水马桶上的血迹以来的第一次。是听到医生说，我需要进行结肠检查以来的第一次；是需要面对可能得肠癌以来的第一次。虽然我还远没有走到自己人生旅程的一半，但这段旅程有可能提前走向了终点。

那是一段黑暗而压抑的时光：黎明破晓前的沉寂，伴随着一段段令人窒息的梦魇。在那段日子里，卫生间里充斥着不安，血溅上了白色的瓷砖。在那段日子里，当我听到保险广告时，会关上广播，而我和妻子也不再会对儿子不停地提出的关于死亡的问题，简单地一笑了之。

低温冷冻、全脑仿真或者生命延长并没有引发我更强烈的兴趣，我也没有迫切地想变成一台机器。不过当面对这动物性的死亡时，我也无法做到毫不动摇。我一直在退缩，我畏缩了，就像我的生命只有几天。我不再像在“不朽巴士”上的那段时间那样，对自己的生命感到那样乐观了。霍恩说得确实对：我被判了死刑。

当躺在轮床上，从全部的工作中解放出来时，我觉得所有这些只是抽象的概念而已。我是看着屏幕上的自己的一个实实在在的躯体，而同时我又不是这躯体，我是意识，或者是一种具备意识的感觉。屏幕上出现了一个带钩的金属仪器，我刚开始以为这是身体里出现的一个微小但可怕的东西，只需微微一动，它就能撕扯掉一块肉。但实际上，它只会造成一点点儿出血，然后就会撤出我的身体。我知道，这大概就是活检吧。

我突然想到“肉机”这个词了。当时我没有过多地思考过它，只是留意了片刻，就忘到脑后了。

在这种分离的状态之下，我思考着与自身意识的分离。这是我第一次如此清晰地思考这个问题，尽管我当时正在做的事情可能根本不能称为思考。终于，我看到了自己的屁股[①]，别多想，就是字面上的意思。我害怕那种刺入的感觉，所以才选择了镇静剂，但是，我很高兴现在的自己还是清醒的，并且见证了这种自身和技术的融合，这种边界的消弭。这种浸润的矛盾效果让我觉得自己是不可侵犯的，就好像没有什么能够触碰到我。我终于理解了成为“新人类”可能意味着什么。回想起来，这一切明显是药剂的作用，但在当时，那种感觉就是科技。

也不知道过了几分钟还是几小时（这对我来说很难分辨，不过无关紧要），为我进行检查的肠胃专家出现在我身边。我意识到，自己又回到了他把插管插进我手臂弯曲处的那个病房里，但我对自己是怎么回来的并没有印象。他告诉我，这是一种很奇怪的炎症，但不是恶性的。很有可能是结肠憩室病（Diverticular Colitis），但是好在它不是癌症。是的，不是癌症！

这位肠胃专家还提到了其他事情，总体来说，就是我不会处于濒死的状态，至少不会走得那么急，然后他就离开了。

我合上了双眼，回忆着我看到的屏幕、我身体的内部、那柔软而又干净的身体内部。麻醉药的作用在一点点地消退，没有一丝疼痛。在那一刻，我游离出了自己的躯体，游离出了时间。那一刻，我和科技同在。

我躺在轮床上，端详着手臂上的插管，这是科学进入我身体的两个通道中的一个。我慢慢地握紧，然后松开手，听着腕关节里骨头和韧带发出的柔和的撞击声——这就人类关节弯曲和扭转的奥秘。我想起了几天前，儿子曾经盯着自己的手，问了我和妻子一个问题。

“我们为什么有皮肤？”他问道，尽管也意识到这个问题有些荒谬。

“所以我们的骨骼被包裹了起来。”我的妻子如是回答道。

---

① 原文为 up my own arse，也有“我感到骄傲”的意思。——译者注

我转过身来，闭上了眼睛，在意识到无论这身体里藏着的究竟是什么，它都不会立刻要了我的命之后，我瞬间感到如释重负。在可见的未来，我的骨骼依旧有庇护，而且，尽管我的身体可能不如从前那么健硕，但那些机制、基底都依然能正常运作。我感觉，自己和这躯体之间的沟壑消失了，就像某些不可思议的冷冻梦境一样。我回归了自我，无论这意味着什么。在我这个特定情况下，对于我这个动物而言，死亡的问题被暂时破解了。

未来即现在

在撰写《最后一个人类》这本书的时候，佐尔坦·伊斯特凡的竞选活动还在继续。霍恩还在拍摄，还在逢人就问，你是否想要永生，如果不想，为什么。

在撰写这本书的时候，没有谁的意识得到了上传，也没有哪位患者从冷冻中苏醒并且恢复了生命。没有人工智能的爆发式增长，也没有技术奇点的降临。

在撰写这本书的时候，我只能很遗憾地说，我们终将会死去。

通盘考虑超人类主义者的思想、恐惧和愿望之后，我有时候会想，如果有一天超人类主义时代终于到来，或许人类会去通过遗忘来维护这群人。在即将到来的几十和几百年里，人类可能会遇到这样一种情况：人类种族发生了彻底的改变，以至于没有必要再去探讨人类和技术的融合。换言之，去讨论人类和技术之间的差异也不再有意义。而这群超人类主义者（如果他们能够被铭记）也只会沦为浩瀚历史中曾经的一段疯狂，他们曾经以超越了自己时代的狂热方式谈及即将到来的事实。

我本想告诉你，我已经见到了这样的未来，并且带来了我们将面临解体和融合的消息。可是走到头，事实却是，我只能说自己看到了“现在”，而这“现在”已经奇怪得让人难以接受了：那里充满了奇怪的人、奇怪的想法和奇怪的机器。虽然这种“现在”是不可知的，或者是不可理解的，但我至少见证过它了。在它消失以前，在它短暂的闪烁间，我窥见了它的昙花一现。这个“现在”未来感十足，但又像极了过去的样子。至少在我邂逅它的那一刻，它已经开始被一点点儿地遗忘，或者一点点儿地沦为记忆。

最终，我居然觉得并不存在什么未来，或者它只是当下的一种虚幻的形象，它可能是讲给自己的自我安慰的童话，或是令人惊惧的恐怖故事。我们只是想借它去证明或者谴责我们现在所生活的世界，这个被创造出来的我们周遭的世界。这些行为完全出于我们的欲望，尽管理智告诉我们这不一定正确。

现在的我仍然不是超人类主义者，而且从来不曾是。我确信自己并不想生活在他们描绘的未来。但我却不能肯定，自己从未在他们的当下生活过。

我想表达的意思是，我的一部分是机器：在这个世界中被编码，在世界那些奇怪的、不可抗拒的信号中被编码。我看着自己正在打字的手，它们是由骨头和血肉构筑的硬件；那些出现在屏幕上的单词的图像，是一个输入和输出的反馈回路，一种信号和传输的算法模式。数据、编码以及通信。

我现在还记得，我在匹兹堡的最后一夜，在走下夹杂着香烟的焦糖味、汗味和烧焦的硅胶气味的地下室时，马洛·韦伯问了我一个问题。

他说：“如果我们已经生活在奇点中了，那该怎么办？”我记得说这句话时，他拿起了自己的智能手机，用手掂量了一下，然后抛起来，又接住。我知道，他在讨论手机，但也是在讨论与手机有关的一切——机器、系统、信息以及人类世界不可探知的浩瀚。

“如果它已经开始了呢，又该怎么办？”他说道。

我告诉他，这是个好问题。而我，必须好好思考一下。

致谢

如果没有我妻子的支持和鼓励，我可能都不会着手写这本书，更不要说完成它，她给予我太多的爱和建议，我的感激溢于言表。从一开始，这个项目的幕后英雄阿梅莉亚·“莫莉”·阿特拉斯（Amelia “Molly” Atlas）就一直在默默地支持着我，她和 ICM 的优秀员工一直密切关注着我的写作，为此我感到十分荣幸。我也要向伦敦布朗恩集团（Curtis Brown Group）的卡洛琳娜·萨顿（Carrolina Sutton）和罗克珊·爱德华（Roxane Edouard）表示感谢。在我撰写本书的过程中，Doubleday 出版社的亚尼夫·索哈（Yaniv Soha）一直向我提出睿智的见解。他的热情和细心的编辑指导，对我来说是无价之宝。从撰稿伊始，*Granta* 杂志的迈克斯·波特（Max Porter）就为我源源不断地提供观点和鼓励，能够结识他也是我的荣幸。

我也会永远感谢下面提到的这些人，感谢他们的友好、善良，以及他们从各种专业角度提供的讲解和个人帮助：我的父母迈克尔·奥·康奈尔（Michael O’Connell）和迪尔德丽·奥康奈尔（Deirdre O’Connell）、凯瑟琳·希恩（Kathleen Sheehan）和伊丽莎白·希恩（Elizabeth Sheehan）、苏珊·史密斯（Susan Smith）、莉莉娅·凯斯林（Lydia Kiesling）、迪伦·科林斯（Dylan Collins）、罗南·伯西瓦尔（Ronan Perceval）、迈克·弗里曼

（Mike Freeman）、萨姆·邦基（Sam Bungee）、约瑟夫·埃尔丁（Yousef Eldin）、丹尼尔·卡弗里（Daniel Caffrey）、保罗·穆雷（Paul Murray）、乔纳森·戴克斯（Jonathan Dykes）、丽莎·科恩（Lisa Coen）、凯蒂·雷西安（Katie Raissian）、克里斯·拉塞尔（Chris Russell）、米歇尔·迪安（Michelle Dean）、萨姆·安德森（Sam Anderson）、丹·科伊斯（Dan Kois）、布伦丹·巴林顿（Brendan Barrington）以及迈克斯·麦吉（C. Max Magee）。

没有下述朋友的合作与协助，本书就无法付梓：佐尔坦·伊斯特凡、罗恩·霍恩、迈克斯·摩尔、娜塔莎·维塔－摩尔、安德斯·桑德伯格、尼克·波斯特洛姆、大卫·伍德、汉克·佩利谢尔、玛丽亚·科诺瓦伦科（Maria Konovalenko）、劳拉·戴明、奥布里·德·格雷、迈克·拉·托拉、兰德尔·科恩、托德·霍夫曼、米古尔·尼可雷里斯、爱德华·博登、纳特·索尔斯、戴维·多伊奇（David Deutsch）、维克托里亚·克拉克弗娜、雅诺什·克拉马尔（Janos Kramar）、斯图尔特·罗素、蒂姆·卡农、马洛·韦伯、瑞安·奥谢拉、肖恩·萨维尔、丹妮尔·格里夫斯（Danielle Greaves）、贾斯丁·沃斯特、奥利维亚·韦伯。

未来，属于终身学习者

我这辈子遇到的聪明人（来自各行各业的聪明人）没有不每天阅读的——没有，一个都没有。巴菲特读书之多，我读书之多，可能会让你感到吃惊。孩子们都笑话我。他们觉得我是一本长了两条腿的书。

——查理·芒格

互联网改变了信息连接的方式；指数型技术在迅速颠覆着现有的商业世界；人工智能已经开始抢占人类的工作岗位……

未来，到底需要什么样的人才？

改变命运唯一的策略是你要变成终身学习者。未来世界将不再需要单一的技能型人才，而是需要具备完善的知识结构、极强逻辑思考力和高感知力的复合型人才。优秀的人往往通过阅读建立足够强大的抽象思维能力，获得异于众人的思考和整合能力。未来，将属于终身学习者！而阅读必定和终身学习形影不离。

很多人读书，追求的是干货，寻求的是立刻行之有效的解决方案。其实这是一种留在舒适区的阅读方法。在这个充满不确定性的年代，答案不会简单地出现在书里，因为生活根本就没有标准确切的答案，你也不能期望过去的经验能解决未来的问题。

湛庐阅读APP：与最聪明的人共同进化

有人常常把成本支出的焦点放在书价上，把读完一本书当作阅读的终结。其实不然。

时间是读者付出的最大阅读成本
怎么读是读者面临的最大阅读障碍
“读书破万卷”不仅仅在“万”，更重要的是在“破”！

现在，我们构建了全新的“湛庐阅读”APP。它将成为你“破万卷”的新居所。在这里：

- 不用考虑读什么，你可以便捷找到纸书、有声书和各种声音产品；
- 你可以学会怎么读，你将发现集泛读、通读、精读于一体的阅读解决方案；
- 你会与作者、译者、专家、推荐人和阅读教练相遇，他们是优质思想的发源地；
- 你会与优秀的读者和终身学习者为伍，他们对阅读和学习有着持久的热情和源源不绝的内驱力。

从单一到复合，从知道到精通，从理解到创造，湛庐希望建立一个“与最聪明的人共同进化”的社区，成为人类先进思想交汇的聚集地，与你共同迎接未来。

与此同时，我们希望能够重新定义你的学习场景，让你随时随地收获有内容、有价值的思想，通过阅读实现终身学习。这是我们的使命和价值。

湛庐阅读APP玩转指南

湛庐阅读APP结构图：

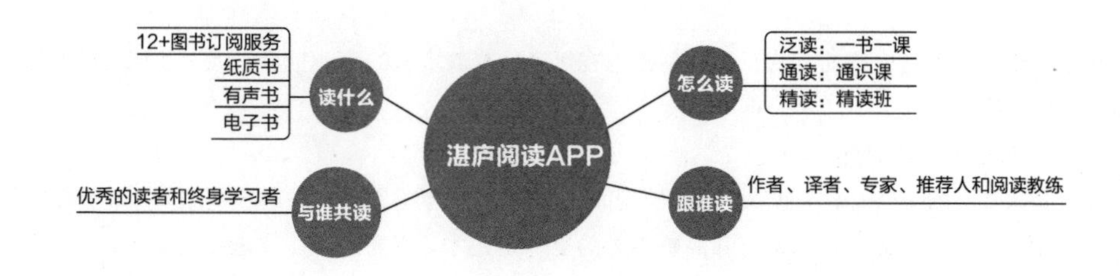

三步玩转湛庐阅读APP：

听一听

泛读、通读、精读，
选取适合你的阅读方式

读一读

湛庐纸书一站买，
全年好书打包订

书城

扫一扫

买书、听书、讲书、
拆书服务，一键获取

扫一扫

APP获取方式：

安卓用户前往各大应用市场、苹果用户前往APP Store
直接下载“湛庐阅读”APP，与最聪明的人共同进化！

使用APP扫一扫功能，遇见书里书外更大的世界！

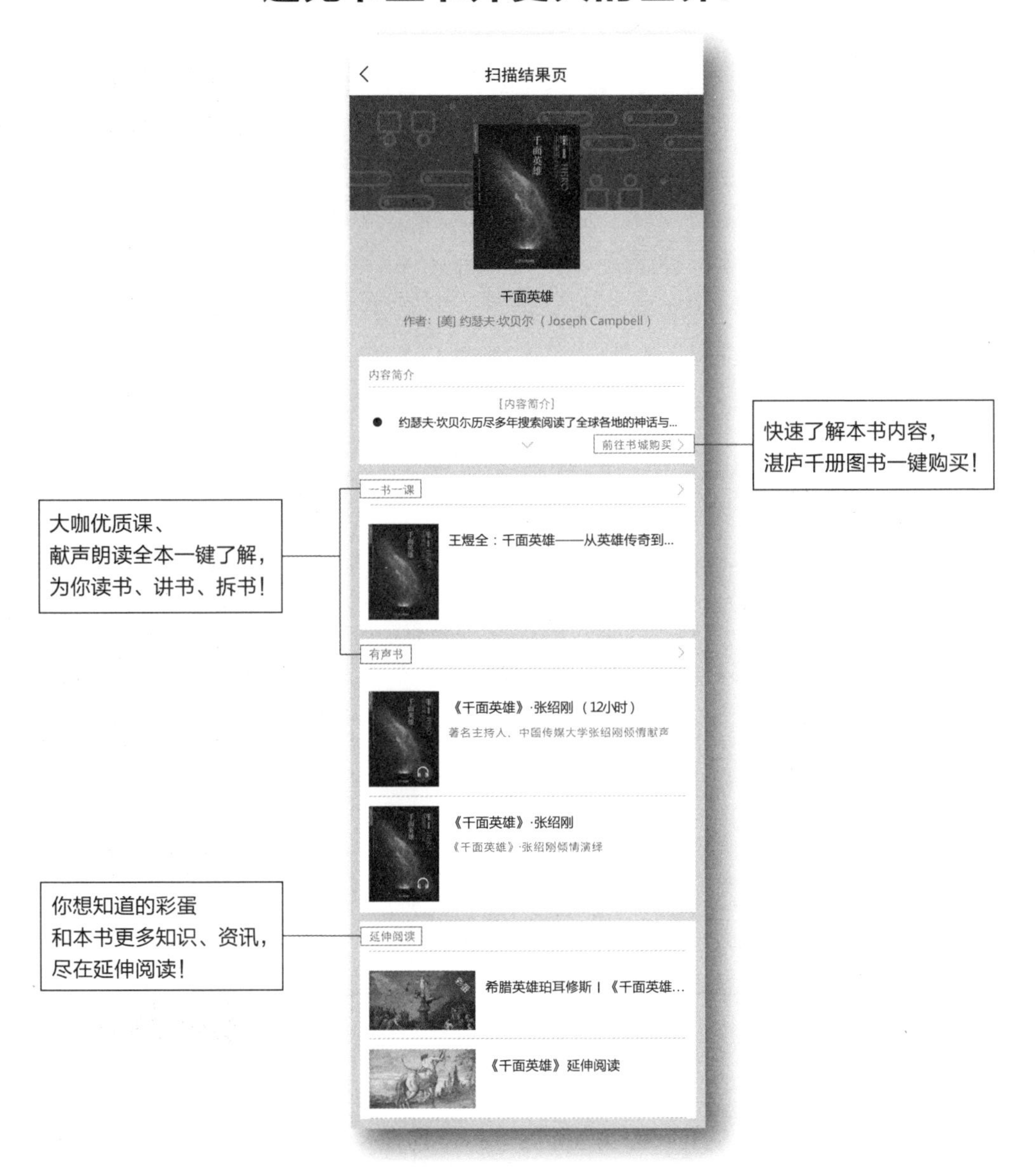

湛庐CHEERS

延伸阅读

《生命 3.0》

◎ 麻省理工学院物理系终身教授、未来生命研究所创始人迈克斯·泰格马克重磅新作。

◎ 引爆硅谷，令全球科技界大咖称赞叫绝的烧脑神作。史蒂芬·霍金、埃隆·马斯克、雷·库兹韦尔、万维钢、余晨、王小川、吴甘沙、段永朝、杨静、罗振宇一致强荐。

《十二个明天》

◎ 科幻巨匠刘慈欣新作《黄金原野》中文版全球惊艳首发！

◎ 刘宇昆、尼迪、奥科拉弗等 13 位星云奖、雨果奖得主联袂巨献！

◎ 继《三体》之后，小米科技创始人雷军推荐的第二本著作。刘慈欣、韩松、吴甘沙、尹烨、余晨、周涛、陈学雷、朱进、张鹏等来自科技界、科幻界、人工智能界的 11 位大咖重磅解读。

《人工智能时代》

◎ 人工智能时代，智能机器对未来人类的威胁，尤其是工作机会的威胁，以及随之带来的失业问题和贫富差距问题，让人心生不安。人工智能专家卡普兰在《人工智能时代》一书中提出了自由市场调整方案，给人们以启迪和安慰。

◎ 中国银行业协会首席经济学家、香港交易所首席中国经济学家巴曙松，驭势科技（北京）有限公司联合创始人兼 CEO 吴甘沙，搜狗 CEO 王小川联袂倾情推荐！

使用"湛庐阅读"APP，
"扫一扫"获取本书更多精彩内容

ISBN 978-7-213-07260-4
9 787213 072604 >

《虚拟人》

◎ 比史蒂夫·乔布斯、埃隆·马斯克更偏执的"科技狂人"玛蒂娜·罗斯布拉特缔造不死未来的世纪争议之作。

◎ 吴甘河、胡华智、刘慈欣等力荐。

图书在版编目（CIP）数据

最后一个人类 /（爱尔兰）马克·奥康奈尔著；郭雪译 . —杭州：浙江人民出版社，2019.1
书名原文：To Be a Machine
ISBN 978-7-213-09099-8

Ⅰ . ①最… Ⅱ . ①马… ②郭… Ⅲ . ①人工智能—研究 Ⅳ . ① TP18.

中国版本图书馆 CIP 数据核字（2018）第 293275 号

上架指导：科技趋势 / 人工智能

最后一个人类

[爱尔兰] 马克·奥康奈尔　著
郭　雪　译

出版发行：浙江人民出版社（杭州体育场路 347 号　邮编　310006）
市场部电话：（0571）85061682　85176516
集团网址：浙江出版联合集团　http://www.zjcb.com
责任编辑：朱丽芳
责任校对：陈　春
印　　刷：石家庄继文印刷有限公司
开　　本：720mm × 965mm 1/16　　印　　张：17
字　　数：207 千字
版　　次：2019 年 1 月第 1 版　　印　　次：2019 年 1 月第 1 次印刷
书　　号：ISBN 978-7-213-09099-8
定　　价：79.90 元